THEORY AND PRACTICE OF GREEN GOVERNANCE IN PRIVATE ENTERPRISES UNDER THE BACKGROUND OF CARBON PEAKING AND CARBON NEUTRALITY

“双碳”背景下民营企业绿色治理的理论与实践

李晓琳 ◎ 著

中国建筑工业出版社

图书在版编目（CIP）数据

“双碳”背景下民营企业绿色治理的理论与实践 = Theory and Practice of Green Governance in Private Enterprises under the Background of Carbon Peaking and Carbon Neutrality / 李晓琳著. -- 北京 ：中国建筑工业出版社, 2024. 11. -- ISBN 978-7-112-30494-3

Ⅰ. F279.245

中国国家版本馆 CIP 数据核字第 2024KV1287 号

责任编辑：刘颖超　梁瀛元

责任校对：赵　力

“双碳”背景下民营企业绿色治理的理论与实践

Theory and Practice of Green Governance in Private Enterprises under the Background of Carbon Peaking and Carbon Neutrality

李晓琳　著

*

中国建筑工业出版社出版、发行（北京海淀三里河路 9 号）

各地新华书店、建筑书店经销

国排高科（北京）人工智能科技有限公司制版

三河市富华印刷包装有限公司印刷

*

开本：787 毫米 × 1092 毫米　1/16　印张：8¾　字数：188 千字

2025 年 3 月第一版　　2025 年 3 月第一次印刷

定价：**40.00** 元

ISBN 978-7-112-30494-3

（43813）

前言

FOREWORD

生态文明建设是关系中华民族永续发展的千年大计。党的二十大报告明确指出要推动绿色发展，促进人与自然和谐共生，积极稳妥推进碳达峰、碳中和。企业作为资源的主要消耗者和污染的主要承担者，是绿色治理的主体。实现低碳高质量发展需要各类市场主体发挥合力，民营企业是市场经济最富活力和最有创造力的重要力量，大有可为。

绿色治理的学术研究尚处于起步阶段，本书将绿色治理引入到民营企业的研究中来，在“双碳”战略背景下，对企业的研究从传统的以资本为约束条件的公司治理视角转变为以具有一定可承载性的自然环境为约束条件的绿色治理视角，以民营企业为主要研究对象，在以往探讨企业社会责任与环境绩效的基础上拓展聚焦于绿色治理，在文献综述、制度梳理和理论分析的基础上，进行绿色治理的实证探索，以民营企业绿色治理的现状评价为起点，研究先向前推演民营企业绿色治理的内部动力机制，其次向后分析民营企业绿色治理的外部融资回馈。本书为民营企业绿色治理的研究提供了一个基本的框架和范式。

理论层面，通过对企业绿色治理和民营企业治理这两个方面进行梳理，试图明确企业绿色治理的基本概念内涵和主要内容以及民营企业的特点和治理重心，探索出民营企业绿色治理的核心问题及其动力机制和回馈效应，同时结合法律法规与政策规划等制度基础，从委托代理理论、社会情感财富理论、利益相关者理论和资源环境可承载性理论等出发，赋予了经典理论在民营企业绿色治理研究中的新阐述，最终从家族涉入和融资约束的角度出发，提出民营企业绿色治理研究基于内部动力机制与外部融资回馈的理论框架，为后续的评价研究和实证研究提供了分析的依据。

实践层面，以民营上市公司为样本，按照理论分析的逻辑，基于绿色治理评价的结果，从内部动力机制和外部融资回馈两个方面进行实证分析，具体包括：内部动力机制方面，民营企业在委托代理上存在自身的特殊性，又有强烈的保全社会情感财富的愿望，从家族控制和家族传承两方面深入研究对民营企业绿色治理的动力机制，并结合高管政治关联和内部绩效困境展开调节效应的分析。外部回馈机制方面，针对如今绿色金融的背景以及民营企业融资难的现状，选取融资约束的角度切入，从利益相关者通过信号传递缓解信息不对称的视角出发，探究民营企业绿色治理在融资层面的回馈效应，并结合高管金融背景和外部金融发展展开调节效应的分析。同时，在民营企业内部动力机制与外部融资回馈的实证研究中均根据民营企业所在区域的绿色发展水平及企业个体生命周期等进行情境化分析。

正是基于“双碳”战略和绿色发展的时代意义，编写了此书，希望能从理论和实践两个角度为民营企业绿色治理提供指导。全书主要围绕“双碳”背景下民营企业绿色治理的理论与实践展开，共分十章，基本逻辑框架如下：第一章主要是介绍“双碳”战略；第二章主要是绿色治理的现实背景和制度背景介绍；第三章开始聚焦民营企业，探讨民营企业的发展；第四章是民营企业绿色治理研究的理论基础；第五章是民营企业绿色治理的评价；第六章和第七章分别从内部动力机制和外部融资回馈两个维度对民营企业绿色治理展开实证分析；第八章则进一步探讨企业绿色治理的多重影响机制；第九章得出民营企业绿色治理的结论与对策；而第十章是全书的一个总结，从政府和企业两方面探索“双碳”战略的建设路径。

本书具有以下特点：第一，前沿性，本书围绕“双碳”战略，紧扣时代脉络，书中追踪了国内外关于绿色治理的最新研究动态，为读者提供了双碳背景下民营企业治理的绿色思路与理念。第二，系统性，本书对民营企业绿色治理的背景、特点、现状、评价、前因和后果等均进行了分析研究，具有很强的逻辑性和全面性。第三，指导性，本书将理论与实践有机结合，探索民营企业绿色治理的机制与路径，针对具体的情境展开进一步分析，提供了相应的意见建议。

本书在撰写过程中得到了我的导师李维安、南开大学中国公司治理研究院团队、哈尔滨工业大学（威海）经济管理学院领导和许多老师同学的帮助，并借鉴了大量的国内外研究学者的最新成果，借此机会专门表示感谢。感谢家人的理解配合，感谢中国建筑工业出版社的大力支持，感谢刘颖超编辑和梁瀛元编辑，她们认真审稿、耐心协调，在校对、排版等方面做了大量工作。由于时间仓促，篇幅有限，加之涉及专业问题，本书难免存在不妥之处，望读者能提出宝贵的建议和批评。

目 录

CONTENTS

第一章

“双碳”战略

第一节 “双碳”战略的起源

2020年9月22日，中国在第75届联合国大会上正式提出2030年前实现碳达峰、2060年前实现碳中和的目标。碳达峰是指二氧化碳等温室气体排放量不再增加，达到峰值后再缓慢减少。碳中和是指所有的二氧化碳等温室气体排放将通过植树、节能减排来抵消。我国力争2030年前碳达峰，2060年前实现碳中和。“双碳”目标对我国绿色低碳发展具有引领性、系统性作用，可以带来环境质量改善和产业发展的多重效应。着眼于降低碳排放，有利于推动经济结构绿色转型，加快形成绿色生产方式，助推高质量发展。

绿色发展理念是对发展规律的科学反映，是中国共产党人对自然界发展规律、人类社会发展规律、中国特色社会主义建设规律在理论认识上的升华和飞跃，更是对全球生态环境的变化和我国当前发展所面临的突出问题的积极回应。习近平总书记在党的十九大报告中对此做了充分肯定：“大力度推进生态文明建设，全党全国贯彻绿色发展理念的自觉性和主动性显著增强，忽视生态环境保护的状况明显改变。”同时进一步指出“发展是解决我国一切问题的基础和关键，发展必须是科学发展，必须坚定不移贯彻创新、协调、绿色、开放、共享的发展理念。”“必须树立和践行绿水青山就是金山银山的理念，坚持节约资源和保护环境的基本国策，像对待生命一样对待生态环境，统筹山水林田湖草系统治理，实行最严格的生态环境保护制度，形成绿色发展方式和生活方式，坚定走生产发展、生活富裕、生态良好的文明发展道路，建设美丽中国，为人民创造良好生产生活环境，为全球生态安全作出贡献。”全面学习贯彻落实党的十九大精神，践行绿色发展理念，推动绿色治理，就是题中应有之义。

中国的经济发展已经从计划经济转轨到市场经济，如今处在转轨到绿色经济的过渡阶段，我国也正在探索一条适合中国国情的人类与自然和谐发展的绿色之路。我们人类对于“绿色”的认知经历了从“全是绿色、不必考虑环境”到“关注环境、主宰环境”再到“绿色+”的全过程，如绿色经济、绿色发展、绿色生产、绿色金融等。在提倡绿色、生态、可持续发展的大背景下，亟需绿色治理的出现引领中国经济社会的可持续发展，绿色治理以实现绿色发展为目标，以生态文明建设为导向，本质上是一种由治理主体参与、治理手段实施和治理机制协同的“公共事务性活动”[1]。

绿色治理，法制先行。党的十八大以来，在保障绿色发展方面，我国立法进程推进迅猛，修订“史上最严”《环保法》①，先后修正、制定《大气污染防治法》《水污染防治法》

①本书中部分法律、行政法规名称中的“中华人民共和国”省略，例如《中华人民共和国环保法》简称《环保法》。

《土壤污染防治法》等单项法，通过一系列有力举措，将绿色发展从理念上升为制度，将绿色原则作为民法基本原则之一，把生态环境保护作为基本义务加以固定。2018 年 3 月，十三届全国人大一次会议第三次全体会议表决通过《中华人民共和国宪法修正案》，“生态文明”被正式写入宪法，有力地推动了新时代生态文明建设。在法治力量的护航下，我国生态环境得到明显改善，绿色产业成为经济增长新动能。

探索实施绿色激励机制，是制度护绿的一个重要方面。这在推进落实“双碳”目标的过程中已得到良好实践。近年来，我国加快全国碳交易市场建设，大力推行碳排放权交易制度。《中国碳排放权交易市场报告（2021—2022）》显示，我国碳市场呈现全国碳市场与区域试点市场同步发展的局面。截至 2022 年底，全国碳市场碳排放配额累计成交量约为 2.3 亿吨，累计成交额 104.8 亿元。目前，我国区域碳交易试点市场已涵盖电力、钢铁、水泥等 20 余个领域约 3000 家主要排污企业，全国碳市场预计也将从发电行业扩展到钢铁、化工等更多行业。

绿色治理是实现中国式现代化的必经之路。中国式现代化是人与自然和谐共生的现代化。党的二十大报告明确指出要推动绿色发展，促进人与自然和谐共生，积极稳妥推进碳达峰碳中和。在此背景下，亟需绿色治理的出现引领中国经济社会的可持续发展。绿色转型是提振民营企业信心的重要途径。实现绿色低碳高质量发展需要各类市场主体发挥合力，其中，民营企业将大有可为，民营企业是市场经济最富活力和最有创造力的重要力量，肩负着通过提高绿色治理水平来建设可持续发展体系的重要责任。目前，民营企业的绿色治理处于起步阶段，相关部门缺乏明确的指导理论与依据，同时缺乏考核治理效果的科学评价标准。本书着眼于这一理论空缺与实践不足所造成的空白，结合绿色治理的背景，聚焦于“双碳”战略背景下的民营企业绿色治理，一定程度上将为生态文明建设提供实际可行的指导作用。

第二节　什么是“双碳”战略

习近平总书记强调：“实现碳达峰碳中和，是贯彻新发展理念、构建新发展格局、推动高质量发展的内在要求，是党中央统筹国内国际两个大局作出的重大战略决策。”在“双碳”战略下，国家对企业绿色发展制定了一系列政策和法律法规，2021 年 10 月 24 日，中共中央、国务院印发《关于完整准确全面贯彻新发展理念做好碳达峰碳中和工作的意见》（简称《意见》）。作为碳达峰碳中和“1 +N”政策体系中的“1”，《意见》为碳达峰、碳中和这 2 项重大工作进行了系统谋划、总体部署。同一天，国务院印发《2030 年前碳达峰行动方案》，两个重要文件共同构建了中国碳达峰碳中和“1 +N”政策体系的顶层设计。2022 年 8 月，科技部、国家发展改革委、工业和信息化部等 9 部门印发《科技支撑碳达峰碳中和实施方案（2022—2030年）》，统筹提出支撑2030年前实现碳达峰目标的科技创新行动和保障举措，并为2060年前实现碳中和目标做好技术研发储备。

“双碳”，即碳达峰与碳中和的简称，是中国政府提出的两阶段碳减排战略目标。二氧化碳排放力争于2030年前达到峰值，努力争取2060年前实现碳中和。碳达峰，是指二氧化碳等温室气体的排放达到最高峰值不再增长，之后逐步回落。碳中和，就是指某个地区在一定时间内人为活动直接和间接排放的二氧化碳，与其通过植树造林等实现对排放的二氧化碳等量吸收抵消，实现二氧化碳“净零排放”。简单来说，就是产生了多少“碳”，就要通过某些方式来削减或者消除这些“碳”对环境的影响，实现自身“零排放”。在中国科学院举办的2021中关村论坛——碳达峰碳中和科技论坛上，中国科学院院长、党组书记侯建国在致辞中指出，要拿出一张路线图，解决碳达峰碳中和的实现路径问题；提出一批新理论，突破降碳固碳的原理问题；攻克一批新技术，解决减排增汇的工艺和装备问题；记好一本收支账，解决碳源碳汇的监测核算问题。在刘中民[2]看来，在实现碳达峰碳中和的过程中，必须重视一些具有战略意义的新技术发展，比如人工智能、信息技术和数字技术等。“双碳”目标不只是某个产业的问题，而要从顶层设计上去研究分析。

“双碳”战略提出以来，各地都实施了一系列具体举措，如上海和山东威海等，上海作为一座超大型城市，在经济快速发展的同时，也消耗了大量能源。上海一直注重绿色、低碳发展，构建了碳达峰碳中和“1＋1＋8＋15”政策体系，“1＋1”是两份顶层设计文件，即《中共上海市委 上海市人民政府关于完整准确全面贯彻新发展理念做好碳达峰碳中和工作的实施意见》和《上海市碳达峰实施方案》；“8”是能源、工业、建筑、交通等重点领域和区域碳达峰实施方案；“15”包括科技支撑、绿色金融、财政等各项保障方案。与此同时，上海也在组织各领域加紧实施推进，推动实施能源、工业、交通、城乡建设、循环经济、科技创新等碳达峰十大行动，重点围绕加快推动能源绿色低碳转型，试点探索建立完善碳排放双控制度，推动打造绿色低碳供应链。为实现“双碳”目标，威海市推行“1＋5”行动计划体系，推动绿色低碳高质量发展，威海市委、市政府制定出台了《威海市深化新旧动能转换推动绿色低碳高质量发展三年行动计划（2023—2025年）》，紧盯“双碳”目标方向，按照“边申报创建、边改革创新”的工作思路，先行先试、重点突破，扎实推动国家绿色金融改革创新试验区申建，大力发展绿色金融，实现绿色金融改革创新与经济高质量发展良性互动；紧紧扭住新旧动能转换“牛鼻子”，构建现代化产业体系，向高端化、智能化、绿色化、集群化发展。中国环境科学研究院与公众环境研究中心（IPE）发布的《中国城市“双碳”指数2021—2022研究报告》中，对全国符合标准的110座城市“双碳”进展态势进行了系统评价。威海位列第19名，且综合得分同比有较大升幅，上升26位，综合得分增加6.6分，取得显著成效。

第三节 “双碳”战略建设美丽中国

绿色是美丽中国高质量发展最鲜明的底色。保护环境是国家的基本国策，国家从法律的层面充分肯定了保护环境、绿色治理的重要性。近年来，国家也综合运用多种调控手段，包括经济手段，促进企业节能减排，如《环境保护税法》规定“依照本法规定征收环境保护税的，不再征收排污费”，借助法律刚性以环境税费改革的方式缓解企业发展过程中产生的负外部性问题。

绿色发展的背景下，亟需绿色治理的出现引领中国经济社会的可持续发展，而企业作为自然资源的主要消耗者和生态污染的主要承担者，是实现绿色 GDP 的微观基础。“新常态”下企业原有粗放式发展模式受到国家政策和资源环境的双重压力，企业发展目标从经济利益最大化逐步演变到社会利益最大化，面对社会众多利益相关者的呼吁和压力，转变发展方式、实现绿色治理成为中国企业的迫切需求。

在学术与理论价值方面，首先，“双碳”战略和绿色治理作为新兴的概念，相关研究均处于起步阶段，现有的多为政策理念层面的综述研究，而本书将在文献和理论研究的基础之上，将两者有机结合起来，聚焦于“双碳”战略建设中民营企业绿色治理的研究，对区域、政府及企业的研究视角转变为以一定可承载性的自然环境为约束条件的绿色治理视角。其次，企业绿色治理评价体系为“双碳”战略背景下绿色治理的理论探讨提供了实践支撑，将在一定程度上拓展绿色治理领域的研究，同时也将进一步丰富“双碳”战略的研究范畴，最终推动“双碳”战略的实施与发展。

在实际价值方面，我国要成为发达国家，实施“双碳”战略是必由之路。按照我国“新时代”发展战略，到 2035 年达到中等发达国家水平，2050 年达到发达国家水平。当前大部分发达国家都已经实现了碳达峰，并且大部分发达国家宣布在 2050 年实现碳中和。“双碳”战略也是中国经济转型的必由之路。改革开放 40 多年来，中国经济增速全球第一，GDP 年均增长近 10%，经济总量跃居世界第二。但与此同时，几乎所有的污染物和温室气体排放也都是世界第一。我国的经济高增长以粗放型的资源消耗经济为主，经历了 40 多年的资源密集型发展，我国环境和资源承载力几乎枯竭，走低碳转型的道路也是自身发展的迫切需求。

综上，“双碳”战略是“美丽中国”战略的重要支撑，需要各方共同努力推进。“双碳”战略有利于加快构建生态环境治理体系，提升绿色治理能力现代化水平，促进中国可持续发展。

第二章

绿色治理

第一节　绿色治理从何说起

1972 年 6 月 5 日，联合国人类环境会议在瑞典首都斯德哥尔摩召开，会议通过了《人类环境宣言》，成立了环境规划署，并提出将每年的 6 月 5 日定为“世界环境日”。21 世纪以来，人类社会进入第四次工业革命，称为“绿色工业革命”，此次工业革命最主要的特征之一是发展模式的变化，即从前三次工业革命的“黑色发展”关注物质财富的增长转向当前审慎地考虑生态边界的“绿色发展”模式[3]。所谓“绿色”，已经由最初单纯的颜色概念逐步演变成为一种发展理念，人类对于“绿色”的认知经历了从“全是绿色、不必考虑环境”到关注环境、主宰环境，再到“绿色+”的全过程，如绿色经济、绿色发展生产、绿色金融等[4]。

联合国环境规划署在 2011 年发布了题为《迈向绿色经济——实现可持续发展和消除贫困的各种途径》的报告，报告提出每年将全球生产总值的 2%投资于九大主要经济部门来促进绿色经济转型。2016 年 4 月 22 日，全球 175 个国家和地区签署了《巴黎协定》，标志着进入了全球绿色治理的新时代。中国的经济发展已经从计划经济转轨到了市场经济，如今处在转轨到绿色经济的过渡阶段，我国也正在探索一条适合中国国情的人类与自然和谐发展的绿色之路。

2015 年，党的十八届五中全会首次把“绿色”作为“十三五”规划五大发展理念之一，提出绿色是永续发展的必要条件，是人民对美好生活追求的重要体现。同年，国务院印发《中国制造 2025》（国发〔2015〕28 号）[5]，提出坚持创新驱动、绿色发展，坚持把可持续发展作为建设制造强国的重要着力点，加强节能环保技术、工艺、装备推广应用，全面推行清洁生产。发展循环经济，提高资源回收利用效率，构建绿色制造体系，走生态文明的发展道路。

2016 年 7 月，工业和信息化部印发了《工业绿色发展规划（2016—2020 年）》（工信部规〔2016〕225 号）[6]，提出以传统工业绿色化改造为重点，以绿色科技创新为支撑，以法规标准制度建设为保障，实施绿色制造工程，加快构建绿色制造体系，大力发展绿色制造产业，推动绿色产品、绿色工厂、绿色园区和绿色供应链全面发展；提出到 2020 年，显著提升工业企业的能源利用效率、资源利用水平、清洁生产水平等，并初步建成绿色制造体系，计划建成千家绿色示范工厂和百家绿色示范园区，同时重点行业主要污染物排放强度下降 20%。具体的相关绿色指标数据详见表 2-1。

2017 年，党的十九大报告提出坚持人与自然和谐共生，推进绿色发展，降低能耗、物耗，倡导简约适度、绿色低碳的生活方式，树立和践行绿水青山就是金山银山的理念，像对待生命一样对待生态环境，实行最严格的生态环境保护制度，统筹山水林田湖草系统治理。

“十三五”时期工业绿色发展主要指标 表 2-1

指　　标	2015 年	2020 年	累计降速
（1）规模以上企业单位工业增加值能耗下降（%）	—	—	18
吨钢综合能耗（千克标准煤）	572	560	
水泥熟料综合能耗（千克标准煤/吨）	112	105	
电解铝液交流电耗（千瓦时/吨）	13350	13200	
炼油综合能耗（千克标准油/吨）	65	63	
乙烯综合能耗（千克标准煤/吨）	816	790	
合成氨综合能耗（千克标准煤/吨）	1331	1300	
纸及纸板综合能耗（千克标准煤/吨）	530	480	
（2）单位工业增加值二氧化碳排放下降（%）	—	—	22
（3）单位工业增加值用水量下降（%）	—	—	23
（4）重点行业主要污染物排放强度下降（%）	—	—	20
（5）工业固体废物综合利用率（%）	65	73	
其中：尾矿（%）	22	25	
煤矸石（%）	68	71	
工业副产石膏（%）	47	60	
钢铁冶炼渣（%）	79	95	
赤泥（%）	4	10	
（6）主要再生资源回收利用量（亿吨）	2.2	3.5	
其中：再生有色金属（万吨）	1235	1800	
废钢铁（万吨）	8330	15000	
废弃电器电子产品（亿台）	4	6.9	
废塑料（国内）（万吨）	1800	2300	
废旧轮胎（万吨）	550	850	
（7）绿色低碳能源占工业能源消费量比重（%）	12	15	
（8）六大高耗能行业占工业增加值比重（%）	27.8	25	
（9）绿色制造产业产值（万亿元）	5.3	10	

资料来源：工业和信息化部关于印发《工业绿色发展规划（2016—2020 年）》的通知（工信部规〔2016〕225 号）。

注：表中数据为指导性指标，大多为全国平均值，各地区可结合实际目标设置。

2018 年 5 月 14 日，我国首次发布绿色工厂国家标准《绿色工厂评价通则》GB/T 36132—2018[7]，提出了“用地集约化、原料无害化、生产洁净化、废物资源化、能源低碳化”的原则。同年 9 月 30 日证监会公告〔2018〕29 号新修订的《上市公司治理准则》[8]第八十六条提到“上市公司应当积极践行绿色发展理念，将生态环保要求融入发展战略和公司治理过程，主动参与生态文明建设，在污染防治、资源节约、生态保护等方面发挥示范引领作用。”

联合国秘书长古特雷斯在 2020 年地球日时提出了绿色高质量复苏的倡议，习近平总书记也在不同场合多次强调中国力争 2030 年前实现碳达峰，2060 年前实现碳中和。中国人均生态财富较低，生态文明建设是关系中华民族永续发展的千年大计，“十四五”期间我国还要坚持“绿色复苏、低碳转型”的政策导向，促进经济高质量发展，绿色治理研究在可持续发展以及实现人与自然和谐共处的过程中至关重要。

此外，从环境史的角度出发，中国古代先贤已经意识到人与自然和谐相处的重要性，尽管阐述方式与现代有所不同，但其基本思想与现代的可持续发展理念几乎一致，认为人与自然是密不可分的整体[9]。老子在《道德经》中提及“道大，天大，地大，人亦大，域中有四大，而人居其一焉。”他强调人只是宇宙间的一部分；孟子曰“不违农时，谷不可胜食也。数罟不入洿池，鱼鳖不可胜食也。斧斤以时入山林，林木不可胜用也。”他认为人类的日常生产生活需要遵循大自然发展规律，不可过度索取自然资源，从而维持资源的可持续使用。

另外，西汉刘安在《淮南子·主术训》中提到“畋不掩群，不取麛夭；不涸泽而渔，不焚林而猎。”主要思想也是反对破坏性地过度开发自然资源，不能只考虑眼前利益而不考虑将来；汉代董仲舒提出“事各顺于名，名各顺于天。天人之际，合而为一”（《春秋繁露·深察名号》），是最早的关于天人合一的理念的记载，而北宋张载则明确提出“天人合一”的命题，他说“儒者则因明致诚，因诚致明，故天人合一。”（《正蒙·乾称》）；明代王阳明在《传习录》中说“夫圣人之心，以天地万物为一体，其视天下之人，无外内远近，凡有血气，皆其昆弟赤子之亲，莫不欲安全而教养之，以遂其万物一体之念。”王阳明不仅悟到人和自然为一体，还倡导人与自然的和谐相处。

近现代人类对绿色的认知提升到了新的高度，英国经济学家皮尔斯 1989 年在《绿色经济蓝皮书》中第一次提到“绿色经济”的名词概念。1987 年，联合国世界环境和发展委员会（WECD）发表了题名为《我们共同的未来》的研究报告，明确了可持续发展的概念。1991 年国际自然与自然资源保护同盟（IUCN）、联合国环境规划署（UNEP）和世界野生动物保护基金会（WWF）共同发表《保护地球——可持续生存战略》，指出可持续发展应既满足当代人的生存需要，又能保证子孙后代的环境需求，同时，在对自然资源的使用中，应以生态系统和环境的可承载力为前提，反对无节制的掠夺行为，正确处理好人与自然的关系，实现社会的可持续发展。可持续发展观虽然比传统的发展观有进步，不再追求 GDP 的单纯增长，但它仍以人类为中心，是人类控制自然的发展模式。

Stern 和 Dietz（1999）[10]提出了生态价值观的概念，强调人类与自然共同构成了生态整体，不仅人类有生存的权利，自然界也有自我的权利，我们应关注自然生态的内在价值，不能破坏自然。因此，环境问题需突破以往狭隘的以人类为中心的思想，纳入人之外的自然环境，形成“生态整体主义”的伦理观，意识到自然万物都具有独立于人类存在的内在价值，人类应对自然怀有敬畏之心[11]。在生态价值观之后又衍生了绿色发展观的概念，胡鞍钢等（2014）[3]指出绿色发展观作为可持续发展观的延伸与升级，更注重自然系统与经济系统、社会系统间的共生性、协调性和整体性，绿色发展是最小化自然消耗和最大化人类福利的一种发展模式。

同时，从库兹涅茨曲线假说可以得知，环境质量与经济发展水平呈现倒 U 形关系，在经济发展初始阶段，环境治理问题会随着经济的发展表现得较为突出，但当经济发展突破库兹涅茨拐点之后，经济发展能为环保提供原动力，一定程度上促进环境质量改善，而我国目前的发展现状尚未突破库兹涅茨拐点，经济的飞跃发展依旧建立在环境资源支持的代价之上[12]。为了改善这一发展困境，胡鞍钢等（2014）[3]提出可以通过绿色生产、绿色消费等手段实现经济增长与能源资源消耗脱钩，通过绿色规划战略指导绿色发展，运用绿色金融和绿色财政等政策手段，引导绿色生产和绿色消费，累积绿色财富，提升绿色福利，从“生态赤字”转向“生态盈余”，厉以宁等（2017）[13]倡导将低碳发展作为宏观经济目标。

生态环境一方面为人类生存和发展提供了物质基础和空间条件，另一方面又不得不承受着人类活动所产生的废弃物质。生态系统有限的自然资源与因人类欲望而形成的生产力之间存在着亟需解决的矛盾，考虑到人类的生存及长远发展，需要重新认识人类发展与自然环境的关系，这就需要倡导“天人合一”的绿色治理观。在此背景下，绿色治理应运而生。李维安（2016）[1]首次系统地表述绿色治理的基本概念，他指出绿色治理以生态文明建设为导向，以实现绿色发展为目标，本质上是一种由治理主体参与、治理手段实施和治理机制协同的“公共事务性活动”。

推进治理能力现代化，必须充分利用多元化的系统思维、规则和制度治理公司，通过构建相应的治理结构，加强规则和制度的落实，健全问责等治理机制，从而提高决策的科学性[14]。民营企业的发展，建立在经济发展与生态发展协调并进的基础上，企业发展战略一定要满足人民基本的生态需要，促进人与自然协调发展[15]，企业作为主要的自然资源消耗和污染物排放主体，是绿色治理的关键行动者，其绿色治理水平将直接影响绿色治理整体的落实。民营企业在社会经济发展过程中发挥着非常重要的作用，改革开放四十多年来也逐渐展现出强大的力量，并肩负着对整个社会的重要责任和义务，民营企业的绿色治理状况究竟如何？是否可以尝试构建一个指数来衡量上市公司绿色治理状况？民营企业绿色治理的内部动力机制都有哪些？民营企业进行绿色治理能带来回馈吗？本书尝试回答这些问题，以期通过本研究促使民营企业积极践行绿色治理价值观，提升绿色治理水平，助力“双碳”行动。

第二节　绿色治理的制度依赖

制度是规范人类交易活动的行为准则，也能支配经济个体间发生的合作与竞争[16]。制度也是一种人为设定的规则，来制约人们之间的相互关系，规范和约束大家的行为，能有效地增强人们克服不利因素的能力，从而推动社会变革[17]。企业同个体公民一样，也是社会的一部分，作为“法人”，与自然人一样拥有社会公民生存的权利，可享受社会的权益，也必须积极主动地承担社会责任[18]，社会赋予企业生存的基础，企业不仅要追求自身利益最大化，也要追求企业和当地社区、环境的协调发展，促使社会更加美好[19]。

改革开放以来，中国绿色环保相关的制度建设取得了一定的进展，出台了大量法律法规、指导文件、规划纲要、会议精神等各层次文件，这里详细梳理了绿色治理相关的条文，为下文开展绿色治理的理论分析和实证研究做铺垫。

一、法律法规和指导性文件

法制能约束经济个体之间的行为，使经济活动中参与双方均能约束自己的行为以达到“置信的承诺”，从而促成交易[20]，从制度理论来看，合法性是社会构建出来的规范和行为准则，对于企业组织来说，其经济活动也需要法律的制约，通过遵守社会规范、采取符合社会期待的行动等方式保证合法性，从事的生产经营活动需要合乎法律的要求，进而缓解外部压力，以维系企业生存与发展[21]。保护环境是国家的基本国策，国家从法律的高度充分肯定了保护环境、绿色治理的重要性，同时近年来，国家也综合运用多种调控手段，包括经济手段，促进企业节能减排，如《环境保护税法》规定“依照本法规定征收环境保护税的，不再征收排污费”，借助法律刚性以环境税费改革的方式缓解企业发展过程中产生的负外部性问题。本研究系统地梳理了与绿色治理相关的具有代表性的重要的法律条文，详见表 2-2。

除法律法规外，为了进一步促进国家生态文明建设，提高企业绿色治理水平，国务院和国家环保总局等部门还发布了一系列与绿色治理相关的办法、指南和意见等，囊括了环境信息的披露、环境行为的评价、循环经济的发展以及环境治理体系的建立等，本研究摘录了部分与上市公司绿色治理评价相关的指导性文件，为后文构建绿色治理指标体系，进行民营企业绿色治理的实证研究提供制度依据，详见表 2-3。

绿色治理方面法律法规汇总表　　　　**表 2-2**

法规名称	发布年份	制定机关	主要内容
中华人民共和国环境保护法	1989 年发布，2014 年修订	全国人民代表大会常务委员会	第四条　保护环境是国家的基本国策。 第六条　一切单位和个人都有保护环境的义务。地方各级人民政府应当对本行政区域的环境质量负责。企业事业单位和其他生产经营者应当防止、减少环境污染和生态破坏，对所造成的损害依法承担责任。
中华人民共和国水污染防治法	1984 年 5 月 11 日通过，2017 年修订	全国人民代表大会常务委员会	第二十一条　直接或者间接向水体排放工业废水和医疗污水以及其他按照规定应当取得排污许可证方可排放的废水、污水的企业事业单位和其他生产经营者，应当取得排污许可证；城镇污水集中处理设施的运营单位，也应当取得排污许可证。排污许可证应当明确排放水污染物的种类、浓度、总量和排放去向等要求。

续表

法规名称	发布年份	制定机关	主要内容
中华人民共和国大气污染防治法	1987年9月5日，2015年修订	全国人民代表大会常务委员会	第二条　防治大气污染，应当以改善大气环境质量为目标，坚持源头治理，规划先行，转变经济发展方式，优化产业结构和布局，调整能源结构。防治大气污染，应当加强对燃煤、工业、机动车船、扬尘、农业等大气污染的综合防治。
中华人民共和国节约能源法	1997年11月1日通过，2018年修正	全国人民代表大会常务委员会	第四条　节约资源是我国的基本国策。国家实施节约与开发并举、把节约放在首位的能源发展战略。 第六条　国家实行节能目标责任制和节能考核评价制度，将节能目标完成情况作为对地方人民政府及其负责人考核评价的内容。
中华人民共和国环境影响评价法	2002年10月28日发布，2018年修正	全国人民代表大会常务委员会	第六条　国家加强环境影响评价的基础数据库和评价指标体系建设，鼓励和支持对环境影响评价的方法、技术规范进行科学研究，建立必要的环境影响评价信息共享制度，提高环境影响评价的科学性。
中华人民共和国环境保护税法	2016年12月25日，2018年修正	全国人民代表大会常务委员会	第二条　在中华人民共和国领域和中华人民共和国管辖的其他海域，直接向环境排放应税污染物的企业事业单位和其他生产经营者为环境保护税的纳税人，应当依照本法规定缴纳环境保护税。

绿色治理方面指导性文件汇总表　　表 2-3

法规名称	发布年份	制定机关	主要内容
《国务院关于加快发展循环经济的若干意见》	2005年成文，2008年发布	国务院	一是大力推进节约降耗，在生产、建设、流通和消费各领域节约资源，减少自然资源的消耗。 二是全面推行清洁生产，从源头减少废物的产生，实现由末端治理向污染预防和生产全过程控制转变。 三是大力开展资源综合利用，最大程度实现废物资源化和再生资源回收利用。 四是大力发展环保产业，注重开发减量化、再利用和资源化技术与装备，为资源高效利用、循环利用和减少废物排放提供技术保障
《关于加快推进企业环境行为评价工作的意见》	2005年11月21日	国家环境保护总局	绿色：企业达到国家或地方污染物排放标准和环境管理要求，通过ISO 14001认证或者通过清洁生产审核，模范遵守环境保护法律法规。 蓝色：企业达到国家或地方污染物排放标准和环境管理要求，没有环境违法行为。 黄色：企业达到国家或地方污染物排放标准，但超过总量控制指标，或有过其他环境违法行为。 红色：企业做了控制污染的努力，但未达到国家或地方污染物排放标准，或者发生过一般或较大环境事件。 黑色：企业污染物排放严重超标或多次超标，对环境造成较为严重影响，有重要环境违法行为或者发生重大或特别重大环境事件
《环境信息公开办法（试行）》	2007年4月11日，自2008年5月1日起施行	国家环境保护总局	国家鼓励企业自愿公开下列企业环境信息： （一）企业环境保护方针、年度环境保护目标及成效； （二）企业年度资源消耗总量； （三）企业环保投资和环境技术开发情况； （四）企业排放污染物种类、数量、浓度和去向 ……

续表

法规名称	发布年份	制定机关	主要内容
《上市公司环境信息披露指南（征求意见稿）》	2010年9月14日	环境保护部污染防治司	第三条 上市公司应当准确、及时、完整地向公众披露环境信息，不得有虚假记载、误导性陈述或重大遗漏。 第五条 上市公司环境信息披露包括定期披露和临时披露。重污染行业上市公司应当定期披露环境信息，发布年度环境报告；发生突发环境事件或受到重大环保处罚的，应发布临时环境报告。鼓励其他行业的上市公司参照本指南披露环境信息
《生态文明体制改革总体方案》	2015年9月21日	中共中央、国务院	…… 七、建立健全环境治理体系 八、健全环境治理和生态保护市场体系 九、完善生态文明绩效评价考核和责任追究制度

二、相关政策规划

（一）五年规划

五年规划最早称为五年计划，主要是对我国国民经济发展中的基本性问题和重大性问题进行研究思考，划定方向和目标，有效地指导未来的经济发展。纵观中华人民共和国成立后完成的十三个五年规划和正在进行中的“十四五”规划，在不同的发展阶段有不同的环保和绿色发展政策演变，同时可以看出绿色发展与绿色治理在国民经济发展中的地位越来越重要，具体说来：

改革开放以来，“六五”“七五”“八五”规划重点解决能源供需缺口问题，主要目标是提高经济效益，主要任务是保持供需平衡，尽管有几处涉及环境保护工作的部署，但节能和环保等工作仍没有受到足够的重视。在“九五”规划中，首次提出了实施可持续发展战略，同时提出加强节能立法和执法监督，制定节能标准和规范，坚持经济建设、城乡建设与环境建设同步规划、同步实施、同步发展的“三同步”要求，环境和生态保护问题得到了一定的关注。“十五”规划中生态建设和环境保护的力度明显加大，把实施可持续发展战略放在更突出的位置，明确了实施可持续发展战略是关系中华民族生存和发展的长远大计，可持续发展的标志是资源的永续利用和良好的生态环境，以可持续的方式使用自然资源，从而来谋求社会的全面进步。提出把改善生态、保护环境作为经济发展和提高人民生活质量的重要内容，促进人口、资源、环境协调发展。“十一五”规划首次设置了环境污染的约束性指标，并将其与政治晋升考核挂钩，重点突出了节能和环保的目标，同时加大了环境保护的力度，坚决改变先污染后治理、边治理边污染的现状。该规划是在科学发展观指导下的第一个五年规划，经济社会发展切实转入全面协调可持续发展的轨道上来，坚持节约发展、清洁发展、安全发展，实现可持续发展，把节约资源作为基本国策，发展循环经济，保护生态环境。

“十二五”规划中首次提出了绿色发展，指出我国发展中不平衡、不协调、不可持续问题依然突出，提出经济增长的资源环境约束强化，落实科学发展观，坚持把建设资源节约型、环境友好型社会作为加快转变经济发展方式的重要着力点。深入贯彻节约资源和保护环境的基本国策，降低温室气体排放强度，发展循环经济，推广低碳技术，积极应对全球气候变化，促进经济社会发展与人口资源环境协调发展，贯彻可持续发展之路。“十二五”规划中第六篇“绿色发展 建设资源节约型、环境友好型社会”详细阐述绿色环保可持续发展规划，胡鞍钢[22]指出“十二五”规划是中国第一部参与世界绿色革命的绿色发展规划和中国的行动方案规划，是中国绿色现代化的历史起点。

“十三五”规划进一步明确了绿色的发展理念，指出要坚持创新发展、协调发展、绿色发展、开放发展、共享发展，确立了创新、协调、绿色、开放、共享的新发展理念，其中第十篇“加快改善生态环境”中，从资源节约、环境综合治理、生态保护修复和积极应对气候变化等七章分别阐述绿色环保规划。如树立节约集约循环利用的资源观，提高资源利用综合效率，推动园区进行循环化改造。强化排污者主体责任，形成政府、企业、公众共治的环境治理体系，实现环境质量总体改善。实施重点行业清洁生产改造。建立全国统一、全面覆盖的实时在线环境监测监控系统，推进环境保护大数据建设。稳步推进大气治理、水环境治理、土壤环境治理等。完善生态保护制度，加强生态环境风险监测预警和应急响应，扩大环保产品和服务供给。

“十四五”规划强化了绿色发展的和谐发展理念，提到坚持绿水青山就是金山银山理念，坚持尊重自然、顺应自然、保护自然，坚持节约优先、保护优先、自然恢复为主，实施可持续发展战略，完善生态文明领域统筹协调机制，构建生态文明体系，推动经济社会发展全面绿色转型，建设美丽中国。坚持山水林田湖草系统治理，着力提高生态系统自我修复能力和稳定性，守住自然生态安全边界，促进自然生态系统质量整体改善。完善生态安全屏障体系，构建自然保护地体系，健全生态保护补偿机制。深入打好污染防治攻坚战，建立健全环境治理体系，推进精准、科学、依法、系统治污，协同推进减污降碳，不断改善空气、水环境质量，有效管控土壤污染风险。深入开展污染防治行动，全面提升环境基础设施水平，严密防控环境风险，积极应对气候变化，健全现代环境治理体系。坚持生态优先、绿色发展，推进资源总量管理、科学配置、全面节约、循环利用，协同推进经济高质量发展和生态环境高水平保护。全面提高资源利用效率，构建资源循环利用体系，大力发展绿色经济，构建绿色发展政策体系。

（二）会议政策

2013 年 4 月，习近平总书记在海南考察过程中强调，良好的生态环境是人民最普惠的福祉，是最公平的公共产品。海南建设国际旅游度假区最大的本钱就是这里的绿水青山、碧海蓝天，我们必须加倍地珍惜和爱护它。2015 年 3 月，在江西代表团审议会中，习近平总书记又指出，良好的生态环境就是我们的民生需求，要着力推动生态环境保护，像保护眼睛一样保护生态环境，像对待生命一样对待生态环境。2015 年党的十八届五中全会，“绿色”首次成为“十三五”规划的五大发展理念之一，提出绿色是永续发展的必要条件，是人民对美好生活向往的重要体现。坚定走生产发展、生活富裕、生态良好的文明发展道路，推进人与自然的和谐相处，为美丽中国的建设添砖加瓦，为全球的生态文明发展作出贡献。

2017 年 10 月 18 日，习近平总书记在中共十九大报告中提及“生态文明”多达 12 次、“绿色”15 次，其中指出要构建政府为主导、企业为主体、社会组织和公众共同参与的环境治理体系，必须树立和践行绿水青山就是金山银山的理念，坚持节约资源和保护环境的基本国策，统筹山水林田湖草系统治理，实行最严格的生态环境保护制度，形成绿色发展方式和生活方式，坚定走生产发展、生活富裕、生态良好的文明发展道路，建设美丽中国，为人民创造良好生产生活环境，积极参与全球环境治理，落实减排承诺，为全球生态安全作出贡献。

而在绿色发展的具体措施上，习近平总书记也指出要加快建立绿色生产和消费的法律法规和制度政策，建立健全绿色低碳、循环发展的经济体系。同时促进绿色创新，发展绿色金融，壮大环保产业，推动清洁生产，促进能源革命，构建清洁低碳、安全高效的能源体系。推进资源全面节约和循环利用，实施国家节水行动，降低能耗、物耗，实现生产系统和生活系统循环链接。倡导简约适度、绿色低碳的生活方式，反对奢侈浪费和不合理消费，开展创建节约型机关、绿色家庭、绿色学校、绿色社区和绿色出行等行动。着力解决突出的环境问题，坚持全民共治、源头防治，持续实施大气污染防治行动，打赢蓝天保卫战。加快水污染防治，实施流域环境和近岸海域综合治理，强化土壤污染管控和修复，加强农业面源污染防治，加强固体废弃物和垃圾处置，提高污染排放标准，强化排污者责任，健全环保信用评价、信息强制性披露、严惩重罚等制度。

2018 年 5 月 18 日至 5 月 19 日，全国生态环境保护大会召开，这是我国生态文明建设历程中规模最大、意义最深的历史性盛会，会议确立习近平生态文明思想这一战略性的理论成果，提出生态兴则文明兴、生态衰则文明衰的深邃历史观，人与自然和谐共生的科学自然观，绿水青山就是金山银山的绿色发展观，良好生态环境是最普惠的民生福祉的基本民生观，山水林田湖草是生命共同体的整体系统观，用最严格制度保护生态环境的严密法治观，全社会共同建设美丽中国的全民行动观，共谋全球生态文明建设的共赢全球观。

党的二十大报告中指出要推动绿色发展，促进人与自然和谐共生大自然是人类赖以生存发展的基本条件。尊重自然、顺应自然、保护自然，是全面建设社会主义现代化国家的内在要求。必须牢固树立和践行绿水青山就是金山银山的理念，站在人与自然和谐共生的高度谋划发展。我们要推进美丽中国建设，坚持山水林田湖草沙一体化保护和系统治理，统筹产业结构调整、污染治理、生态保护、应对气候变化，协同推进降碳、减污、扩绿、增长，推进生态优先、节约集约、绿色低碳发展。

第三节 绿色治理助推中国式现代化

中国式现代化是人与自然和谐共生的现代化。建设中国式现代化必须坚持创新、协调、绿色、开放、共享的新发展理念，绿色发展对中国式现代化提出了要求。中国式现代化必须尊重自然、顺应自然、保护自然，坚持绿水青山就是金山银山，坚持生态产品是最普惠的民生福祉。因此，中国式现代化是不同于西方意义的现代化，不可能通过世界性的资源掠夺和环境破坏取得，而是人与自然和谐共生的现代化，是美丽和绿色的。人与自然是生命共同体，我国对绿色治理的研究尚处于起步阶段，现有的多为政策理念层面的综述研究，而本书从制度分析到理论演绎到实证分析，探索了民营上市公司绿色治理的现状及其内部动力机制和外部融资回馈，同时本书对于企业绿色治理的研究不仅仅局限于重污染行业，而是采用民营上市公司全行业三年的面板大样本数据，具有全面性。本书的创新性主要体现在以下几点：

第一，研究视角的创新。对企业的研究视角从传统的以资本为约束的公司治理视角转变为以一定可承载性的自然环境为约束条件的绿色治理视角。企业绿色治理，是社会责任的新思路和新发展，是未来公司治理领域的研究趋势，企业从对股东负责转变成对包括自然环境在内的全部利益相关者负责，最终目标是实现与自然和谐共生。

第二，研究方法的创新。拓展了绿色治理领域的研究，开创了绿色治理大样本的实证研究，通过对绿色治理相关的制度背景、概念演进及理论基础等的梳理和国内外环境及社会责任相关指标体系的回顾，基于上市公司绿色治理评价指标体系，展开对民营上市公司绿色治理状况的评价，为后续开展企业绿色治理相关的实证研究提供数据的支撑。

第三，研究样本的创新。丰富了民营企业的治理研究，以往研究民营企业行为的文献多局限于盈余管理、传承、战略选择等，本书结合当前绿色治理制度与理论背景，聚焦研究民营上市公司绿色治理，以民营企业绿色治理的概念界定为起点，研究首先向前推演民营企业绿色治理的内部动力机制，其次向后分析民营企业绿色治理的外部融资回馈，厘清了家族涉入对绿色治理的动力机制和民营企业绿色治理的融资回馈效应，分析了不同情境下的民营企业绿色治理，推进了民营企业的治理研究。

中国人均生态财富较低，提升绿色治理水平迫在眉睫，上市公司作为我国经济发展的中坚力量，同时也是生态环境污染与破坏的主体之一。我国民营上市公司作为民营企业中成长性较好的企业集合，是改革开放四十多年来我国民营经济快速发展的缩影，民营上市公司的发展对民营企业整体的发展起着积极的引导作用。因此，以民营上市公司作为实证分析的主要对象，得到的关于民营企业绿色治理方面的研究结论，对我国企业整体而言均具有一定借鉴意义。民营上市公司在实现股东利益最大化的同时，探索通过内部家族控制或家族传承驱动企业绿色治理并获得价值回馈，具有重要的现实意义，有助于民营企业在履行绿色治理责任的基础上，积极转变“先污染后治理”的老路，主动将环境问题纳入战略层面，将“绿色”贯穿于生产经营的每一环节，建立绿色治理架构，培育绿色文化，并在企业风险防控、激励约束、行政办公和信息披露等各个方面践行绿色治理理念，传承绿色财富，缓解融资困境。

本书将为打好污染防治攻坚战，打赢蓝天保卫战贡献一份力量。本书将有助于政府更加全面地评估企业环境绩效，引领区域绿色发展，也有助于投资者用绿色理念引领投资，避免短期投机逐利行为，推动资本市场转向长期价值投资，推动中国经济高质量发展。最主要的是，能使企业尤其是民营上市公司承担起绿色治理关键行动者的重要角色，以积极发展的目光审视和解决环境问题，做好环境风险防范，更好地贯彻绿色发展理念，引导企业注重短期盈利与绿色治理之间的平衡，激励民营企业加大绿色投入，积极参与环保实践，处理好经济增长与自然环境的关系，推动民营企业绿色与可持续发展。有利于加快构建生态环境治理体系，提升绿色治理能力现代化，促进社会可持续发展。有助于积极推进美丽中国先行区建设，推动绿色低碳高质量发展，积极应对气候变化，推进生态环境领域科技创新，加快健全现代环境治理体系。深化生态环境领域改革，推进生态环保全民行动，深化生态环境和气候领域国际对话合作。

第三章

民营企业的发展

第一节 何为民营企业

民营企业作为一种独特的企业组织形式，在社会经济发展过程中发挥着重要的作用。据估算，在英美两国，家族企业一般占据其所有企业股权的75%和80%[23]。三星、丰田、保时捷、沃尔玛等很多世界上知名的大公司都是家族企业。回溯中国历史，从明清时期到现代，从以宗族、同乡为纽带的晋商、徽商，到如今立足于资本市场具有现代意义的民营企业，得益于改革开放40多年来社会经济的飞速发展，民营企业也日益表现出迅猛的发展劲头。

民营企业的定义多来自家族企业，钱德勒[24]从定性的角度分析，认为只要企业创始人或其亲密的家族成员持有大部分股权，拥有财务、人事等高级决策权就可以称之为家族企业。叶银华[25]提出以临界控制持股比例来划分家族企业与非家族企业，并在其中纳入了股权结构和控制程度的差异。他认为具备以下三个条件的企业就可认定为家族企业，分别是：①家族的持股比例大于临界值；②家族成员或直系亲属担任公司董事长或总经理；③公司家族成员或三代之内家族成员担任公司董事人数占董事会总人数一半以上。Claessens[26]将最终控制人可以归属于一个自然人或家族的民营企业，并至少满足以下三个条件之一的定义为家族企业：①最终控制人直接或间接持股比例在 20%以上；②最终控制人控股比例10%以上，但实际控制人或家族成员在上市公司担任高管；③最终控制人控股比例10%以上，家族或者自然人是该上市公司的第一大股东，同时没有控股比例超过10%的第二大股东。吕长江[27]论文中指出家族企业同时需要满足两个条件，第一是公司最终控制人为个人或者家族，且有两个或以上家族亲属共同持股、控制或经营管理上市公司，第二是最终控制人拥有对企业的实质控制权，即家族总持股比例应大于10%。本书在借鉴吸收以上观点的基础上将民营企业的定义按照狭义的家族企业标准确定为三个条件：首先，需满足最终控制人可以归属于一个自然人或家族；其次，实际控制人持股比例在10%以上；最后，实际控制人或其家族成员在上市公司担任高管职务等。后文研究中所表述的民营企业均按此定义。

民营企业与其他企业的区别在于它有着特殊的管理权配置和所有权结构，民营企业的行为逻辑和决策机制也有所不同[28]。民营企业的所有者长期持有公司股权，并常常能够持续地传承给家族后代，家族成员经常控制公司管理层，形成一种特殊的企业形式[29]。大部分学者关于民营企业的研究，多是从委托代理角度进行探讨，但是由于民营企业存在自身的特殊性，家族成员不仅拥有企业的控制权和所有权，一般还在企业内担任高管等职务，民营企业中控制权、所有权、经营管理权三者合一，李新春等[30]基于委托代理维度探讨了民营企业存在的两个主要问题：大小股东之间的利益监督和侵占问题以及职业经理人和家族股东之间的堑壕效应与利益趋同效应。

第二节 民营企业的治理

民营企业的治理，尤其是民营上市公司的治理，具有一定的特殊性，需要进行两重性分析，对内是家族，对外是公众公司，因此，与一般公司相比，民营企业的治理不仅要实现企业经济利益最大化，还要实现家族利益最大化，治理模式不仅包括契约治理还包括关系治理等，但都不能违背公司治理的基本要求：规则、合规和问责。

家族涉入是民营企业独一无二的特征[31]，主要指家族涉入公司治理与组织管理，李新春等[32]通过梳理民营企业研究文献，认为家族涉入所涉及的维度主要有：家族所有、家族控制、家族管理、家族参与、家族继任、家族意图、独特的组织管理行为、独特的关系等。

民营上市公司的实际控制人通常持股较多，并通过金字塔结构的方式控制上市公司，将所有权与控制权分离，这种治理的架构能够在实现收益最大化的同时将风险最小化。其次在家族涉入的民营企业中，当企业的实际控制人或者家族成员较多参与董事会或经理层时，整个家族在企业中的话语权较强，存在家长式决策的现象，对公司战略行为决策产生一定影响，另外从监督有效性的角度分析，随着家族涉入程度的加深，家族作为大股东有能力对管理层进行有效的监督，若不是联合行为，会有效地控制管理层的自利机会主义行为。家族的不断涉入使得家族成员与企业的关系更加密切，使家族和企业高度重叠[33]，任何有损企业形象和声誉的行为都可能导致整个家族的物质资本损失变大，这会激励家族所有者采取负责任的社会行为，更关心企业的社会责任需求[34]。

同时在家族控制的情形下，随着家族对企业的涉入程度不断地加深，家族的社会情感财富不断累积，社会情感财富具体是指家族能从企业中获得的非经济利益，具体包括权威性、归属感、家族的传承、家族社会资本的保护、基于家族血缘而不是能力标准履行家族义务、利他主义等[35]，由于民营企业社会情感财富的存在，在民营企业的目标体系中，非经济利益能够得到更高的优先级[36]，因此企业在决策时不太可能冒着降低社会情感财富的风险通过违规等手段获取短期超额经济利益，使企业尽可能少受到负面影响，倾向于把企业可持续地经营下去，因为企业是“自己的”企业[28]。

在民营企业的研究中，随着研究的深入，也开始聚焦于民营企业的社会责任与环境战略等。文献普遍认为民营企业的环境绩效和社会责任履行状况较好，且家族涉入能有效地提升民营企业的环境承诺与环保投入，具体说来：国外研究中，Fitzgerald[37]认为家族成员的绿色价值观可以转化为家族企业的绿色文化，从而促进企业履行社会责任。Sharma[38]基于 Ajzen[39]提出的计划行为理论分析，认为具有较高家族参与度的企业更有动机采取积极主动的环境战略。Berrone[40]实证研究发现控制性家族企业比非家族企业更频繁、更有效地采取环境友好型战略，以此来提高家族形象，美国家族控制的公众上市公司有着更好的环境绩效。Marques[41]实证研究发现家族企业管理权的涉入会增加企业认同从而表现出较高的环境社会实践承诺。高管层会更关心企业的长期声誉，希望家族企业能在和谐健康的环境中发扬光大。Patricia[42]从家族可持续发展理论出发，指出家族环保价值观对于家族企业环境治理具有重要的调节作用。

国内研究中，疏礼兵[43]从需求满足的角度研究民营企业的社会责任履行情况，他指出民营企业履行社会责任主要是为了促进企业的生存发展、提升企业家的个人价值以及满足社会认同。李四海等[44]指出我国企业社会责任行为呈现出明显的寻租倾向，尤其是民营企业，不同于国企天然的产权优势，其政治寻租倾向强烈。陈志军等[45]研究发现在实际控制人为家族的企业中，家族控股比例越高，企业承担社会责任的水平也较高。刘白璐和吕长江（2018）[27]认为家族企业的投资视野更为深远，同时又有足够的能力对企业的经营决策施加影响，保证企业坚持始终遵循长期经营的价值导向。许金花等[46]通过我国私营企业调研数据实证分析发现家族涉入与企业环境治理的履职态度负相关，但对具体的自愿性社会责任行为具有显著的促进作用。

当然，也有部分学者得出了相反的结论，认为家族企业与非家族企业相比，在环境方面的绩效表现相对较弱，Craig 和 Dibrell[47]以食品制造行业为研究对象，发现与非家族企业相比,家族企业有着更差的亲环境动机。Dekker[48]通过对澳大利亚雇员少于200人的1452家私营小规模家族企业进行调查问卷的实证研究发现，家族企业相比于非家族企业有着更差的环境绩效，但深度嵌入当地社区的家族企业有着较好的环境聚焦。Kim[49]认为家族企业更愿意传承财富，所以他们会把企业在环境可持续发展上的投资当作净损失，因此在环境保护方面投资可能性较低。

后续研究将基于民营企业社会责任、环境绩效和环境战略等的研究，采用绿色治理的系统的概念，更全面、系统地研究民营企业绿色治理的内部动力机制，探索家族涉入能否提升企业的绿色治理水平以及相关的内外部影响因素，同时，也将借鉴一般企业绿色治理在价值回馈方面的研究，考虑到民营企业目前融资难的困境，来研究民营企业绿色治理与金融机构等利益相关者之间的融资约束问题。

第三节　民营企业的传承

中国大陆的民营企业几乎全部出现于改革开放之后，最早一批企业是从戴红帽子、创办乡镇集体企业萌芽，民营企业跳跃式的发展使得在改革开放三四十年之际集中迎来了传承的高峰期。对于民营企业来说，传承期是企业发展过程中的关键时期，平稳地度过传承期，实现基业长青是亟待解决的紧迫问题[50]。代际传承是企业可持续发展的关键[51]。对父母来说，将他们毕生所从事和建立的事业传递给他们的子孙后代，是希望和梦想永续传承的最好方式[52]。

民营企业的传承，本质是一个民营企业治理传承的问题，由于家族的特殊因素，民营企业的传承同时兼顾着家族、公司及社会的利益。传承的“传”，是民营企业创始人把自己的事业传给下一代；传承的“承”，是家族后代承接父辈的事业。一“传”一“承”几乎是民营企业权力更迭的范式，但“传承”不是一个时间点而是一个过程。民营企业传承必须要考虑的三个主要问题：传给谁？传什么？怎么传？[53]。

传给谁？既可以传给职业经理人也可以传给家族内部成员，家族成员又分为儿子、女儿和其他家族成员。Villalonga[54]研究家族企业所有权、控制权与管理权对公司价值的影响，发现创始人任 CEO 或者创始人任董事长外聘 CEO 能够提高企业价值，但是后代成员担任董事长或者 CEO 折损企业价值。许静静等[55]认为家族成员出任高管盈余质量更高，倾向于企业内部传承。李晓琳等[56]从会计稳健性出发，发现家族化管理程度越高，会计稳健性越低，因此鼓励家族企业经理人职业化，但在目前的中国资本市场，子承父业仍是主流，不过受计划生育政策的影响，家族企业内部传承的人力资本约束较高，因此内部传承的意愿有所下降[57]，同时越来越多的女性角色走上继承岗位，担任重要角色。民营企业内部不同成员继承以及家族外高管聘任对代理成本的影响不同，从而影响企业的行为和业绩。

传什么？主要是管理权和所有权的传承[58]，但随着研究的深入，一系列学者以经营管理权和所有权的权利交接为载体，研究其附带的社会资本传承[59-60]、企业家默会知识关系网络和企业家精神的传承[61-62]、企业家隐性知识与权威传承等[63-64]。

怎么传？主要是指传承的过程选择。国外学者早在二十年前就开始对代际传承的各阶段进行模型的探索，Churchill 和 Hatten[65-66]提出了父子生命周期四阶段模型，代际传承需经历从所有者管理阶段到子女的培养发展阶段到父子合伙阶段和最后的权力传递四个阶段。Handler[66]提出四阶段角色调整模型，并指出代际传承的关键是后两个阶段，即家族后代掌权阶段以及管理权和所有权转移阶段，在这个阶段，创始人可能扮演保驾护航的角色。晁上[67]结合企业生命周期阶段将民营企业代际传承分成准备阶段、融合阶段前期、后期和移交阶段。窦军生等[68]也用四个阶段：传承决策、继承人的培养、继承人的甄选和权杖最终交接来描述代际传承的过程。

本书结合中国民营企业发展现状提出民营企业的发展经历分为如下三个阶段：第一阶段为创业者管理型阶段，主要指企业初创阶段，以企业家为核心的家族成员管理方式为主；第二阶段为公司治理型阶段，这一阶段主要是伴随民营企业的发展，开始引入公司治理制度安排，建立家族治理与公司治理间的制衡体系；第三阶段为创业者管控阶段，同时这个阶段也是传承的主要发生时期，由初始的“事必躬亲”到“垂帘听政”，实现以管控为主的治理模式，扮演着保驾护航的角色。

另外，民营企业传承的模式除了传统的股权传承和管理权传承，还包括家族信托、家族基金会、家族办公室。其中家族信托，是家族将信托财产委托给受托人，受托人按照信托本旨为受益人管理或处分信托财产。家族信托的主要优势在于家族成员作为受益人，附加受益人接收的条件，能保持公司完整性，有效地集中了股权，帮助家族后代维护家族对企业的控制，保证企业不被外部兼并，如博世家族信托。家族慈善基金会是家族财富与责任传承的重要方式。家族通过建立基金会的形式，可以更好地体现民营企业的社会责任感，传承慈善理念，提升企业形象与社会声誉。通过基金会的形式也可以集中民营企业的股权，借助基金会章程等形式，解决民营企业传承中的财富继承等问题，避免家族矛盾带来的治理问题，如河仁慈善基金会。需要说明的是家族信托只是一种管理家族财产和家族事务的制度设计，没有法人地位，而家族基金会是法人主体，是慈善组织。而家族办公室出现的时间相对更短，家族办公室主要由金融、法律等相关领域专家组成，是专注于财富投资的私人公司，具有较强的私密性，灵活度高，倾向于长期持有，如蓝池资本、普思资本等。

双碳

第四章

民营企业绿色治理

第一节　四个重要的理论

一、委托代理理论的主要观点

传统委托代理理论是由 Jensen 和 Meckling[69]、Fama 和 Jensen[70]等提出来的。它主要是指当公司现金流权与控制权分离时，企业管理层和股东之间存在利益冲突，管理层和股东都想实现自身利益最大化，但双方的目标函数激励不相容，由于存在信息不对称，委托人的收益直接取决于代理人的成本，即付出的努力，而代理人的收益则为委托人的成本，即支付的报酬[71]。

代理人（管理层）有动机也有能力谋取自身利益最大化，出现逆向选择和道德风险，如在职消费、追求权力与声望等，从而损害委托人（股东）的利益，且双方的信息不对称程度越高，管理层的机会主义行为越严重，所发生的代理成本（委托人的监督成本、契约成本和剩余损失）也越高。代理问题出现的两个基本前提分别是利益冲突与信息不对称。当委托人与代理人的利益相互冲突且信息不对称时，代理人的“道德风险”随之产生，从自身利益最大化出发，利用信息优势损害委托人的利益，即产生代理问题。

二、社会情感财富理论的主要观点

社会情感财富理论是民营企业研究特有的理论框架，具体是指家族能从企业中获得的非经济效用，具体包括权威性、归属感、家族传承、家族社会资本的保护、基于家族血缘而不是能力标准履行家族义务、利他主义等[35]。

从社会情感财富的角度分析，在民营企业的目标体系中，非经济目标被赋予了更高的优先级[72]。企业不仅仅是盈利场所，更是满足家族成员归属感等情感需求的场所，保存家族社会情感财富对民营企业至关重要，是民营企业战略决策的首要出发点，因此企业在决策时不太可能会冒着降低社会情感财富的风险通过违规等手段获取短期超额经济利益，而是倾向于把企业健康持续地经营下去，来保护家族的社会情感财富。Gómez-Mejía[73]提出了社会情感财富在结构上的多维度，分别为情感、价值观和利他主义；Berrone[40]总结了社会情感财富的五个维度，分别是：家族控制、家族认同、亲密关系、情感依恋和家族传承。不论如何，家族涉入是产生和保护社会情感财富的根源，能推动产生不同的战略选择。

三、利益相关者理论的主要观点

企业要想获取生存和发展所必需的合法性，首先需满足利益相关者的要求。利益相关者理论认为委托人与代理人的契约框架有所改变，企业面临的委托人不仅仅有股东，企业的责任应扩充至股东之外，从股东利益最大化转向满足全部利益相关者的利益诉求。

对于利益相关者的概念定义，Freeman[75]认为利益相关者是所有影响组织目标实现的个体总和，这是一个广义的概念，不仅包括影响企业目标的个人和群体，还包含企业目标实现过程中受其影响的个人和群体[76]。Mitchell 和 Wood[77]基于合法性、权利性和紧急性三个属性以得分高低判断是否属于企业的利益相关者。Buysse 和 Verbeke[78]将利益相关者分为四类，即内部利益相关者、外部主要利益相关者、外部次要利益相关者和外部管制利益相关者，包括：股东、消费者、供应商、竞争者、媒体、环保社会组织以及政府等。国内，陈宏辉和贾生华通过企业实地访谈和问卷调查统计，将利益相关者划分为核心利益相关者、蛰伏利益相关者和边缘利益相关者三大类。李心合[79]独树一帜地从可持续发展观出发，赋予了利益相关者不同的意义，他指出：利益相关者既要包括现实的、人类的，也要包括潜在的、非人类的，因为企业的资源配置除了对人类社会有影响外，还会对非人类的其他种群和客观环境产生一定的影响，不仅影响当代人的利益，还会影响子孙后代的权益。

四、资源环境可承载性理论的主要观点

在一个地球的宇宙观下，自然资源和生态环境是经济社会发展的基础要素，是企业赖以生存的根本，1984 年 Wernerfelt 最早提出了资源基础观，Barney[80]指出只有满足“有价值的、稀缺的、不易模仿的、不易替代的”这四大属性的资源才能给企业带来竞争优势，但他们却忽略了自然环境的影响，随着生态环境对企业的约束不断加强，自然资源基础观理论应运而生。Hart[81]主张在资源基础观的基础上进一步吸收有关企业对自然环境的影响以及自然环境对企业可持续发展的约束限制的内容，这样企业才能创造持续竞争优势。但自然环境具有一定的承载能力，不能无限满足人类的欲望，人类只是自然的一员，自然界中的所有物种都有生存的权利，同时自然本身也有自我的权利[10]，因此要想永续发展，人类必须克制欲望，由人类需求的单边考虑向将环境纳为平等主体的双边兼顾发展，达到与自然环境承载力的相对平衡，需要重视资源环境的最大限制因子。

Hadwen[82]在研究了美国阿拉斯加州驯鹿的数量变化后，首次将生态承载力定义为：在草场条件不威胁牲畜的变化范围内，且不对生态造成长期破坏，所能支持的最大放牧值。Vogt[83]较早给出了土地承载力的概念方程式，即 $C = B : E$，其中 C 表示一定土地面积的承载能力，B 表示土地可提供的食物产量，E 代表环境阻力。Pauly[84]在研究远洋捕捞生产

中，将承载力称为“最大可持续率”，封志明等[85]从资源环境视角提出了两方面承载力的近似概念：一是强调承载的上限阈值，认可它是一个极限的概念；二是表征承载的平衡状态，从而形成超载、平衡或未超载的结果。

第二节 理论脉络延展

一、从委托代理理论分析

民营企业由于自身特殊的企业组织形式，比一般企业的委托代理问题更为复杂。它的股东一般长期持有公司股份，代代相传，并经常控制其高管位置[86]，在公司高管由本家族成员担任的情况下，控制权与所有权合二为一，家族成员的利益趋同，对于企业的运营十分了解，信息不对称程度比较低[87]，第一层代理问题（股东与高管之间）得到了有效的规避，监控成本与代理成本都大大降低，但是由于家族这个大股东的存在，又拥有实质控制权，有动机同时也有能力谋取控制权的私利，并以小股东的利益为代价，形成所谓的“壕沟防御效应”，第二层代理问题（大股东与小股东之间）比较严重。

对于企业的绿色治理，从治理架构的设置到治理机制的建立再到履行企业绿色责任，周期跨度比较长，更大程度上是为了企业的永续经营，与自然和谐共处，造福人类，并不是以短期盈利为目的。此时，企业的外部管理层基于委托代理关系，为了实现自己的短期利益最大化，自身并没有动机进行积极主动的绿色治理，会在一定程度上减少绿色投入，同时又有侥幸心理，希望通过减少绿色成本来使企业总成本降低，增加企业短期盈利，为自己谋得较高的激励薪酬。而在民营企业中，家族涉入的存在严重削弱了代理人（即企业高管）的道德风险问题，因此民营企业的绿色治理研究与一般企业不同，具有一定的特殊性，民营企业家族控制越强，尤其是民营企业还有传承意愿时，家族大股东和家族管理者有能力更有动机进行绿色治理，家族涉入是民营企业绿色治理最主要的内部动力机制。

二、从社会情感财富理论分析

民营企业的目标是基业长青，民营企业在决策时也更加具有长期视野，民营企业更注重声誉和责任，家族成员将企业视为家族的延伸，更加注重企业的外部形象。从社会情感财富的角度分析，对于民营企业，会为了保全社会情感财富，加大绿色治理的投入，提升绿色治理水平，降低环境污染和环境破坏的可能性，民营企业更愿意把资源投入到企业社会责任领域以建立和保持良好的组织形象和声誉，在决策时不太可能会冒着降低社会情感财富的风险通过违规等手段获取短期超额经济利益，而是倾向于把企业健康持续地经营下去，民营企业若因环境违规事件遭遇处罚，影响家族声誉，会严重降低企业的社会情感财富。同时，民营企业传承不仅仅是财富的传承，还包括价值观的传承，如绿色价值观。

Berrone[88]以社会情感财富理论为基础，对家族企业与非家族企业的环境污染表现进行对比研究，发现家族企业更关注外部的评价与声誉，与非家族企业相比，会主动减少污染的排放。出于对社会情感财富的保护，民营企业为了尽可能地避免受到负面影响，不会选择采取可能会危及未来家族福祉的不负责的行为，相反，更愿意积极参与企业社会责任实践[89]，践行绿色价值观，在绿色治理方面的表现就会更好。

三、从利益相关者理论分析

在绿色治理方面，利益相关者众多，不同的利益相关者对民营企业的绿色治理有着不同的影响和回馈，其中股东的环保意识和绿色价值观很大程度上影响着企业的绿色行为[90]，债权人会根据企业的绿色治理状况评估企业的经营前景及经营风险，确定贷款数额与贷款期限等，消费者的绿色认知反映在产品的购买或抵制行为上从而对企业形成压力，供应商在原材料的环保绿色方面同样拥有足够的议价空间，竞争者若在环保创新方面有所突破，其他企业也会效仿，产生压力[91]，媒体在披露环境负面事件或者表彰绿色创新等方面拥有天然的话语权，甚至可引导广大公众影响投资者预期，环保社会组织是绿色治理的有效监督者，能通过自身独立的绿色评估约束企业的环境污染行为，提升企业绿色治理水平，政府是政策的制定者，可通过一系列强有力的法律法规或规章制度对企业的环境不友好行为进行约束和处罚。但是，上述分析忽视了一个最为关键的利益相关者，即自然环境本身，蒲丹琳等[92]指出企业在经营过程中要关注自身活动对社会和自然环境造成的影响。

公司进行绿色治理不仅仅是一种简单的利他主义行为，而是能从股东之外的债权人等其他利益相关者手中获得各种专用性资产[93]的途径。绿色金融背景下，银行等金融机构对环保违法企业具有“一票否决权”，企业进行绿色治理很大程度上源于利益相关者的压力驱动，民营企业的绿色治理成效很大程度上反映了企业的价值观、政策导向及前景预期，能为利益相关者释放强有力的“好公司”的信号，一定程度上减少信息不对称。另外，家族成员间忠诚度较高且彼此之间具有天然的信任，因此民营企业会更关注利益相关者的利益。

四、从资源环境可承载性理论分析

在民营企业绿色治理的研究中，其基本出发点就是要基于资源环境可承载性，将自然环境作为与企业平等的治理行为的参与者来分析，从整体角度综合考虑人类和环境的诉求，构建相宜的约束机制，实现人与自然包容发展。企业可根据自身的资源和能力，对外部利益相关者的压力做出不同的反应，在企业生产运营的各个方面都减少废物的排放，降低成本，以可持续的方式使用资源，达到资源的永续利用，实现企业的长期可持续发展。在实施绿色治理的过程中，管理层需对企业的资源和能力有全面的认识，基于资源环境的可承载性指导企业的绿色治理全过程。

民营企业追求经济利益最大化的同时，必须清楚企业生产经营能够持续运行的必要条件是不能超过资源环境的可承载性，并注意对自然环境的保护。凡是超过了环境的可承载性，企业就无法长期稳定地生存下去。在任何企业生产活动中，自然再生产和经济再生产是相互制约、相互影响的，其中自然再生产是经济再生产的基础和前提条件，这就要求企业必须建立包容的生产观和需求观，若无限制地掠夺开发资源、破坏生态环境，必将成为自然界的毁灭者。民营企业只有在生产经营过程中将环境变量纳入内生要素，减少对生态的破坏，提升绿色治理水平，才能基业长青。遵循公司治理一般研究的逻辑“理念—结构—行为—影响”，结合资源环境可承载性理论，民营企业绿色治理的评价也应从这几方面推进，如绿色治理架构、绿色治理机制、绿色治理效能和绿色治理责任等。

第三节　研究假设推演

一、家族涉入与绿色治理

在民营企业的环保相关问题上，家族参与起到至关重要的作用[48]，尽管民营企业本身的包容性并不高，但当它面临具有较高包容性的绿色治理决策时，由于民营企业具有代代相传的特点和持续经营的导向，家族企业内部集体主义认同取向更加强烈[34]，且家族企业是主要以血缘关系、亲缘关系以及地缘关系等泛家族非正式关系为联结所形成的经济型组织，家族高管的忠诚度较高且彼此之间具有天然的信任[93]，家族企业特殊的信任逻辑，不同于其他一般企业的普通信任，家族企业信任关系可以有效地弥补正式制度不足的“制度孔洞”[95]。尤其对于民营上市公司，会更为关注利益相关者的利益，表现出较高的社会责任感。

从委托代理理论来看，民营企业的第一层代理问题（股东与高管之间）得到了有效的规避，代理成本有所下降。家族高管在面临绿色治理相关的决策时不同于外部管理者，外部管理者可能会减少绿色投入，降低绿色成本，增加企业账面收益，实现自身的短期盈利。相反，家族涉入程度较高的情形下，民营企业更像是“自己的”企业[96]，家族高管的道德风险相对更低，当民营企业控制越强，尤其是当民营企业还有传承意愿时，家族大股东和家族管理者有能力更有动机进行绿色治理。

从社会情感财富理论分析视角来看，对于民营企业，经济利益最大化并非家族决策时考虑的首要因素，相反，企业为了保全社会情感财富，会加大绿色治理的投入，提升绿色治理水平，降低环境污染和环境破坏的可能性，因为一旦遭到处罚，不仅意味着民营企业经济利益将遭受巨大亏损，也会波及民营企业和家族高管的声誉，换句话说，整个家族的荣誉和影响力都受到致命的打击。因此，家族成员较为关心民营企业的形象和声誉，为了避免任何有损于企业声誉的行为，民营企业更愿意把资源投入到企业社会责任领域以建立和保持良好的形象和声誉，在决策时不太可能冒着降低社会情感财富的风险通过违规等手段获取短期超额经济利益，而是倾向于把企业健康持续地经营下去。陈志军等[45]实证说明承担社会责任有助于家族企业提升社会情感财富，并保持对企业的控制。

同时，民营企业的绿色治理面临成本与收益的权衡，从成本收益的角度来看，民营企业绿色治理经济成本相对较高，且经济收益不确定性较强，唐国平等[97]指出，由于绿色环保与其他生产性项目相比具有周期长、见效慢的特点，但绿色治理的收益不仅仅局限在经济层面上，民营企业参与绿色治理也能为企业带来情感财富的收获，包括且不限于：良好的家族声誉、具有责任感的企业公民形象以及稳定的社会合法性等[88]。

关于家族涉入，本研究主要从家族控制和家族传承两方面展开分析，家族控制程度越高，家族越有能力掌控整个企业，越能对企业经营决策产生决定性影响。同时，家族成员对企业的认同感会随着控制意愿的提高而增加，家族成员与企业之间的关系也会更加亲密，使家族和企业高度重叠[98]。出于对社会情感财富的保护，家族成员较为珍惜声誉，因此控制意愿强的民营企业为了确保企业基业长青，会尽可能使企业少受到负面影响，不会选择参可能会危及未来家族福祉的不负责的行为，相反，更愿意积极参与企业社会责任实践[89]，践行绿色价值观，在绿色治理方面的表现就会更好。

对于家族传承，传承的不仅仅是股权、管理权，更重要的是价值观，Ward[99]指出家族成员的价值观塑造会影响到企业的资源配置决策，而绿色价值观顺应全球绿色发展趋势，且从长期视角来看，企业绿色治理是能使整个民营企业和全部家族成员受益的，因此对于传承意愿较强的民营企业，其具有更强烈的长期经营的意愿，更希望基业长青，更有动机从根本上解决企业面临的环境问题，建立企业绿色治理文化，搭建绿色治理机制，保障企业绿色合规，实现绿色治理效能，履行绿色治理责任。

综上，提出假设 1：家族涉入能提高民营企业绿色治理水平，具体来看，家族控制与家族传承均与企业绿色治理水平正相关。

二、家族涉入、政治关联与绿色治理

政治关联是把双刃剑。政府作为企业绿色治理重要的外部利益相关者，掌握着资本、土地等多种重要资源的配置权，拥有强大的行政权力。而对于民营企业的绿色治理来说，首先需要满足利益相关者的合规要求，同时也需要较大金额的环保投入进行绿色治理提升。从资源效应的角度出发，民营企业需要依赖政府资源，获得政府补贴和税收优惠，争取绿色资源。同时，从利益相关者的角度来看，具有政治关联的企业因为具有更好的政企关系，政府与企业间沟通更为顺畅，更容易获取利益相关者的专用资产，如环保认证及其他绿色荣誉奖项等，因此民营企业高管更可能通过政治关联这一途径维护企业的绿色合法性，一定程度上放松企业本身在绿色治理方面的自发治理。同时，政府对有政治关联的企业环境问题的监督也会更加宽松，企业能得到政府的“庇护”，面临较为轻松的环保管制。陈浩等[100]发现具有地方政府政治关联的企业，其社会责任报告发布的比例较低，且披露质量也相对较差，因此民营企业的政治关联对企业绿色治理存在一定的抵消效应。

其次，由于民营企业的实际控制人的政治关联多表现为担任地方政府的人大代表或政协委员，对于地方政府而言，存在政治晋升的锦标赛激励，地方官员更关心经济发展，忽略环境保护，地方政府出于增加税收、保证就业的考虑，会继续选择将经济增长作为政府工作的核心，并且这种倾向会被地方官员的任期制度所强化[101]，地方政府很可能为了短期经济增长与政治关联的企业产生“合谋”行为[102]，而企业也会投入更多的资源创造 GDP，帮助政府的经济发展，实现规范性预期，而不是投入到绿色治理中[103]。

总体来说，企业对政治资源的依赖侵蚀了绿色治理的价值观，抑制了绿色治理的动力，政治关联企业更需要迎合和满足政府的需求，从而容易引发寻租问题，即企业为了谋求发展，获取资源，积极主动地向政府做出非生产性行为以获取超额利润[104]。而对于没有政治关联的民营企业，他们更愿意脚踏实地履行绿色治理实践，在家族控制和家族传承的驱动下，增强与各利益相关者的信任，提高自身竞争优势，创造更高的市场价值，赢得市场的广泛认可。

综上，提出假设 2：实际控制人政治关联能削弱家族涉入对企业绿色治理的正向促进作用。

三、家族涉入、内部绩效困境与绿色治理

绩效困境的出现，说明企业实际绩效不及期望绩效，企业需要迅速采取措施提高企业绩效。一方面，企业需要将更多的资金投入生产经营中，来扭转绩效下降的趋势，因此在当期绿色治理方面的精力和资金投入都会相应减少，一定程度上拉低绿色治理水平，另一方面，企业也可能通过绿色治理掩盖坏消息，田利辉等[105]证实了资本市场中社会责任披露的“掩饰效应”，为管理者隐藏绩效困境编造借口，转移股东的注意力，而对于民营企业，更有追求社会情感财富的动机，用来“掩饰”经济方面的损失，维持总效用的平衡，最终达到取悦利益相关者的目的[106]。

从资源松弛理论的视角分析，企业社会责任履行情况取决于企业资源的充沛程度，有丰富资源的企业要比资源枯竭的企业更愿意履行社会责任[107]，即当企业财务绩效较好时，可以提供更多的资源进行绿色治理实践，而当企业处于绩效困境中时，民营企业则尝试减

少绿色治理方面的投入。Clarkson[108]的研究结果表明，企业的财务资源会显著影响后期的环境绩效，前期财务资源提升时，对应的环境绩效也会有显著的改善，而企业的环境绩效也会随着前期的财务资源的减少而出现下降的情形。

对于民营企业，尤其是处于传承期的民营企业，平稳地度过传承期是关键，此时需要以良好的业绩为标杆给投资者确立信心，有利于家族后代的战略决策与战略变革。“达则兼济天下”，企业在绩效较好时才有能力履行绿色治理责任，服务社会；“穷则独善其身”，而当企业绩效下降时，提升自身绩效水平是关键，尽管绿色治理长远来看有利于企业价值提升，但在短期内很难发挥效应。沈弋等[109]指出前期较好的财务绩效是企业履行社会责任的物质基础与保障，民营企业进行绿色治理也需要企业强大的利润作为后备力量，民营企业在自有资金充足的情况下，会更有能力履行绿色责任，提高企业的绿色治理水平，而当民营企业出现绩效困境时，会削弱家族涉入对绿色治理的促进作用。

综上，提出假设 3：当企业处于绩效困境中，家族涉入对企业绿色治理的促进作用削弱。

四、绿色治理与融资约束

在不存在竞争的完美市场中，企业价值不受资本结构的影响；而在不完美市场中，内部人员和外部投资者在企业现有资产和投资机会之间存在信息不对称，外源融资的成本要高于内部融资成本，由此产生融资约束。从融资啄食理论来看，债务融资比股权融资有着更高的优先次序[110]。然而，民营企业面临着一定程度的信贷歧视，即民营企业很难从国有控股的商业银行获得贷款或需要付出更高的融资成本来取得贷款[111]，对于商业银行来说，尤其是国有银行，除了追求经济利益，还有政治任务，因此其更愿意贷款给国有企业，同时，从银行贷款的风险评价角度考虑，由于国有企业有政府作为强大后盾，其不稳定因素更低，因此民营企业在信贷市场中饱受“歧视”。

如何缓解民营企业的融资困境是民营企业亟需解决的主要问题之一。在绿色信贷和绿色金融的大背景下，国家和银行的激励型金融政策导向充分偏向绿色企业，主要目的是引导银行资金流向绿色企业，即从政策角度激励企业在生产经营的方方面面纳入绿色治理，重视对环境的保护，节约资源，防治污染，促进环境与社会可持续发展。具体操作为企业在向银行申请贷款时，银行会将其环保情况作为贷款审批的先决条件[112]，对环保违法企业实行“一票否决”，因此，民营上市公司的绿色治理可能具有一定的外部融资回馈。

从利益相关者理论分析，企业要想获取生存和发展所必需的合法性，需要满足债权人、供应商、政府和公众等众多利益相关者的要求，以期从他们手中获得各种专用性资产[93]，金融机构作为重要的外部利益相关者，企业履行社会责任可以增强金融机构的信任度，提高金融机构的认可程度，从而降低融资的成本[113]，银行及金融机构更愿意把钱贷给绿色治理水平高的上市公司。对于绿色治理水平较高的上市公司，外部利益相关者对其财务状况和经营前景能做出更准确的预期，更容易获得融资，一定程度上缓解融资约束。何贤杰等[114]对比研究发现，披露社会责任报告的上市公司融资约束水平明显比未披露社会责任报告的上市公司低，且前者公司的股权再融资的便利性也得到提高，说明社会责任报告具有充分的信息含量，能降低企业的信息不对称程度。信息不对称是产生融资约束的根源，企业绿色治理能有效降低信息不对称，产生正向反馈，提高与监管部门的和谐度，从而缓解融资约束。

从信号传递的角度出发，假设有两种类型的公司，分别是好公司和坏公司，管理层拥有内部信息，知道优劣，但外部投资者并不知道。此时就需要一个能甄别出好公司且坏公司模仿不了的信号，绿色治理就是这样一种信号。企业较高的绿色治理水平等于向外部融资市场释放了一个积极的信号，有助于吸引更多的外部资金支持[115]，绿色治理好的上市公司会获得更多的关注，投资者需要从资本市场甄别出优劣公司，而企业绿色治理能力及水平很大程度上反映企业的价值观、政策导向及前景预期，是强有力的好公司的信号，能增强投资者信心，降低融资约束。通过这种信号传递，一定程度上能降低企业内部与外部投资者与债权人的信息不对称。

同时，声誉是一种利好的信号。Diamond[116]从声誉约束的角度出发阐述了声誉在信贷市场的重要性。重复借贷过程中，贷款企业的贷款记录对于获得再贷款的规模有着重要的影响，新贷款企业须接受较为严苛的审核条件，这就是一种有效的激励制度，能促进贷款企业诚实守信，从而形成良好的声誉，声誉好的企业逆向选择下降，利率下降，可满足较低风险的项目，参与其中的人会获取更高的利益。Fombrun 和 Shanley[117]已发现企业履行社会责任能长期显著提升企业声誉。

绿色治理作为企业社会责任的拓展，一定程度上也能传递积极信号，提高企业的声誉，这将有助于金融机构对企业进行良好的评估。企业绿色治理可以向外部利益相关者传递公司注重长期收益、避免短期机会行为的信号。

综上，绿色治理水平较高的企业更有可能拿到银行贷款，且能享受到绿色信贷的优惠，如较低的贷款利率和较高的贷款额度等，一定程度上缓解了企业的融资约束。而绿色治理水平较低的企业则达不到绿色信贷的门槛，很难获取银行贷款，从而提出假设 4：民营企业绿色治理能有效缓解企业的融资约束。

五、绿色治理、金融高管与融资约束

在企业的决策中，高层管理者尤其是实际控制人作为最核心的决定力量，其个人特质发挥着重要的影响，一定程度上影响企业的决策效率和决策质量。高阶理论认为，企业高管自身的认知、经验和价值观等会影响企业的战略决策，即高管在面临行为决策时，会依据自身的经验特质等对信息进行处理，形成决策选择的基础[118]。

在绿色战略的研究中，Sharma[38]提出企业高管在企业构建绿色战略过程中扮演着决定性作用，而具有金融背景的企业高管在企业的融资及贷款问题上，具有一定的优势。Burak[119]以美国上市公司为研究对象，探究了高管金融关联的影响效应，发现具有商业银行背景的高管能帮助企业获得更多银行贷款，而具有投行背景的高管则能帮助企业获取更多的股权融资。Ciamarra[120]研究发现董事会中银行董事的存在能减少贷款抵押、降低贷款成本以及增加贷款比例，一定程度上缓解企业融资约束，唐建新等[121]以中国民营企业为研究对象，发现银企关系作为一种非正式关系，能帮助企业获得更多银行贷款，一定程度上解决民营企业的融资困境。陈仕华等[122]将同时兼任上市公司和金融机构高管的行为定义为高管金融联结，实证研究发现具有高管金融联结的企业仅需承担较低的融资成本，同时能获取更多的融资数额，且这一影响在民营企业更加突出。

在绿色治理缓解企业融资约束的基础上，金融高管所产生的影响效应主要表现在两方面，其一是在专业方面，金融高管由于其专业的敏感性，对公司财务和公司金融较为精通，可以运用其专业技能优势和以往的工作经验对公司的融资计划和方案进行科学理性的决策和咨询[123]。同时，金融高管对金融机构的贷款“窍门”和“套路”更加熟悉，在阐述投资前景与收益和争取绿色信贷等方面具有天然的优势[124]，可以起到企业与金融机构间“沟通桥梁”的作用，有效地降低了信息传递成本，缓解与利益相关者之间的信息不对称，为企业创造有价值的融资建议。

其二是在资源方面，金融背景的高管可以为民营企业创造一种“非正式”的关系网络资源，提升民营企业的社会资本，帮助企业获取更多的“软信息”便利[125]，如金融高管能帮助企业更加了解银行的绿色金融政策，为企业在绿色供应链改造等环节获取绿色信贷，从而在争取绿色金融资源上取得优势。

不像国有企业背后拥有国家资本强大的背书，在民营企业中，金融背景的高管可以在金融机构为企业提供潜在的专业担保，相应地提高民营企业的声誉，可以增强金融机构对民营企业的信任程度，从而一定程度降低贷款的门槛，使民营企业贷款审核更加便利，提高民营企业金融资源的可获取性。

综上，提出假设 5：实际控制人金融背景较强的上市公司绿色治理缓解融资约束的效应更强。

六、绿色治理、外部金融发展与融资约束

由于政策因素、地理位置和要素发展不同，不同区域金融发展水平存在较大的差异。民营企业融资，尤其是债务融资，多由其注册所在省份的商业银行的分支机构及营业网点所提供。

外部金融发展对企业融资约束的影响可以从两方面解释：一是从规模效应来说，金融

发达的地区，金融体系比较完善，金融资产更加丰富，金融产品较多，能为企业提供更多的信贷选择和信贷资金。二是金融发达的区域，金融机构的市场化程度相对更高，受到地方政府的行政干预较少，一定程度上减少了企业政治关联等因素对银行信贷决策的干扰，为银行创造了更大的自主权以对企业的贷款条件进行裁量[126]，而对于绿色治理较好的企业，银行更能关注到其绿色治理各个方面的充分信息，从而更容易获得银行的绿色贷款等。沈红波等[127]发现，金融发展程度较高区域的上市公司与金融发展欠发达地区相比，融资约束明显较低，且金融发展水平对民营企业的融资约束的缓解能力更强。

金融发展对融资约束影响的另一方面主要从效率角度分析，在金融发展较好的地区，金融机构的运行效率更高，资金分配的效率、信息传递的效率、资源共享的效率等比金融发展欠发达地区高，这有利于解决银行与民营企业间的信息不对称问题，一定程度上缓解企业的融资约束。

面对残酷的市场竞争环境，民营企业更需要获得银行债务融资以提升在市场中的竞争地位，谋求生存[128]。在传统财务绩效的基础上，企业为了获得银行的“垂青”，会更积极地通过绿色治理等非财务信息的披露向银行传递良好的信号。另外，江伟等[129]提出在金融发展水平较高的地区，信贷歧视现象弱化，银行不再过分看重企业的产权性质，而是更加看重企业的绩效和投资回报，这一研究结论对于民营企业的融资是利好的消息。

综上，提出假设 6：外部金融发展较发达区域的上市公司绿色治理缓解融资约束的效应更强。

第五章

民营企业绿色治理的评价

第一节　为什么要评价

近年来面临严峻的生态环境污染问题，尽管政府发布了严格的环保政策，生态文明建设取得了初步成效，但仍面临较大压力，如果能够公正公平客观地对企业绿色治理效果进行评价，有利于系统而具有针对性地解决环境问题，推动企业绿色治理转型，通过绿色治理创新培育新动能，基于环境可承载性实现与自然的包容发展，推动可持续的经济进步。绿色治理评价的基础是国内外研究机构和学术文献中现有的评价成果，结合我国上市公司的特点，从实际出发，全面系统地对中国上市公司的绿色治理进行评价。

1999 年，ISO（国际标准化组织）发布《环境绩效评价标准》ISO 14031。该标准为企业环境绩效评价提供了一个“环境绩效指标库”，将环境绩效指标分为环境状态指标、管理绩效指标和经营绩效指标三大类。2000 年，GRI（全球报告倡议组织）发布了《可持续发展报告指南》[130]，为世界各国编制可持续发展报告提供了一个基本体系框架，同时也为企业进行可持续发展评价建立了基础。同年，WBCSD（世界可持续发展工商理事会）推出了全球首份生态效率的指标量化体系，其基本公式为：生态效率 = 产品或服务的价值/环境影响，用来衡量企业的环境绩效。

而国外文献研究在衡量环境绩效时较多采用 KLD（Kinder，Lyndenberg 和 Domini 三位学者）排名，该排名主要包括两类，分别是 KLD 环境优势和 KLD 环境问题，其中环境优势包括环境友好的产品和服务、节能减排的污染防范措施、可回收利用、清洁能源等其他优势，环境问题主要包括危险品废弃物、监管罚款、化学品过度排放、气候变化等其他环境争议。

除此之外，Wiseman[131]将环境信息披露指标内容分为会计及财务因素、环境诉讼、环境污染治理和其他四大类。Clarkson[132]基于 GRI 指标构建了较为全面的环境信息披露指标体系，共包括 7 个二级指标 45 个三级指标，囊括了治理结构和管理系统、可信度、环境绩效指标、环境支出、环境战略与愿景、对公司环境管理活动的简单描述和公司遵循特定的环境标准。Klassen[133]在衡量企业环境绩效时采用企业的环境荣誉及获奖和环境投诉及违法等信息。Judge[134]从四个方面调查衡量环境社会绩效，分别是：遵守环境相关法律法规，限制环境负面影响，预防和减少环境危机，员工和公众的环保教育普及，Samara[135]借鉴该方法运用社会情感财富理论研究家族企业治理配置与环境绩效关系。Ilinitch[136]建议从四个方面衡量环境绩效，分别是内部的组织系统、外部的利益相关者关系、外部的环境影响和内部的遵纪守法情况，其中各子项数据分别来自：CEP（美国经济优先权委员会）、EPA（美国环境保护署）、FEC（美国联邦选举委员会）、IRRC（投资者责任研究中心）等。

Doonan[137]在研究加拿大造纸业的环境绩效时，采用调查问卷的方式，主要关注以下几方面的管理层回复：过去五年的违规罚款情况、可替代能源的使用情况、漂白过程中氯的使用情况和工厂废弃物排放情况等。Chen[138]在研究企业绿色竞争力对企业绿色创新和绿色形象影响时，借鉴 Prahalad 和 Hamel[139]的研究从稀缺的环保能力技术、竞争者无法复制的环保能力或技术等 5 个维度衡量企业绿色竞争力。Nguyen[140]在研究越南水泥工厂在 ISO 14001 环境认证前后的环境绩效变化时，将环境绩效分成管理绩效和运营绩效两部分，其中管理绩效来自管理层的自评问卷，主要考虑环境审计的执行数、环保培训的员工数、违反排放限额的次数、环境友好的供应链等 12 个方面，运营绩效指标主要有越南监管机构的粉尘、二氧化硫和噪声排放数据等。Gonenc[141]在研究环境绩效与财务绩效关系时，使用汤森路透 ASSET4 ESG 数据库中 2002—2013 年度化工、天然气和煤炭行业等大样本数据，环境部分得分主要包括减少排放、绿色创新和节约资源 3 大类共 36 个子项，包括温室气体排放比例、高管是否公开承诺节能减排政策的执行情况、能源消耗占总资产比重等。

国内方面，南开大学中国公司治理研究院已连续 15 年发布中国上市公司治理指数，被誉为上市公司治理状况的晴雨表。在借鉴国际经验的基础上[142-144]，评价组构建了包括股东治理、董事会治理、监事会治理、经理层治理、信息披露以及利益相关者治理 6 个维度、19 个二级指标、80 多个评价指标的综合评价系统，并应用该指数对中国上市公司进行大样本的评价分析[145-152]。

润灵环球作为中国首家独立第三方社会责任评级机构[153]，从 2007 年开始对上市公司社会责任报告进行评价，评价内容主要包括四大方面，覆盖经济类指标、社会类指标、自然类指标和治理类指标，涉及环境类的关键绩效包括年度环保改造总投入、企业碳减排量等，数据来源既包括从公开途径中获取的数据也包括问卷和专家评分获取的。中国社会科学院 2007 年以能源企业为样本，采用层次分析法构筑了中国能源企业绿色评价体系，主要分为五大层面，包括：事前的“资源利用”的评价，事中的“环境保护”的评价，事后的“循环利用”的评价以及最终的评价参考“经济效益”和“社会责任”[154]。和讯网 2013 年发布的上市公司社会责任报告指标中[155]共包含五个一级指标，其中环境责任维度下具体包括：环保意识、环境管理体系认证、环保投入、排污种类数和节约能源种类数，并针对制造业和服务业设置了不同的权重。中国社会科学院城市发展与环境研究所发布的《中国企业绿色发展报告 No.1（2015）》，从三个层面构建了企业绿色发展评价指标体系，分别是绿色经营管理、绿色产品与技术和节能环保绩效，包括绿色发展总体情况、绿色责任担当、绿色办公、绿色技术、绿色产品、节能降耗和污染防治等方面[156]。香港联合交易所 2016 年开始实施“不遵守就解释”的环境、社会及管制报告指引[157]，其中环境部分包括排放物、资源使用和环境及自然资源 3 个子项，12 个具体关键绩效指标。中国工商银行绿色金融课题组 2017 年建构了“ESG 绿色评级与绿色指数”，其中环境大类中主要涵盖四方面内容，包括广义的企业环境友好程度、污染物的排放强度、环保负面事件的处罚影响程度和环境信息披露程度[158]。中央财经大学 2017 年以沪深 300 股票为样本，提取“沪深 100 绿色领先股票指数”[159]指标，提取的指标既包括绿色发展战略和政策、绿色供应链生命周期等定性指标，也包括企业碳排放量、用水量、用电量等定量指标，还考虑了企业的负面环境新闻报道和环保处罚。

中国证券基金业协会 2018 年 11 月发布上市公司 ESG 评价报告，指出 ESG 的三大主要构成分别是：环境责任、社会责任和公司治理责任。在 ESG 体系中，E 主要强调企业的绿色增长，包括绿色投入、绿色研发、节约能源和资源利用等方面，包括 4 个一级指标 10 个二级指标，一级指标分别是：①整体环境风险暴露程度，主要是衡量不同行业及个体企业的环境风险感知程度。②环境信息披露水平，主要关注企业是否通过年报和社会责任报告等途径披露环境信息，且披露的环境信息是否包含关键定量指标。③企业环境绩效的负面情况，如能源消耗，污染物排放和碳排放等，一般是与行业平均水平比较。④企业环境绩效的正面情况，如企业的绿色业务占比、绿色研发占比和绿色投融资占比等。另外，也设置了调档指标，企业环境信息披露的内容被第三方机构（如会计师事务所）审计作为提档指标，若企业发生重大环境事故、受到环境违规处罚则降档处理。主要根据关键指标和调档指标对上市公司进行赋权加总并排序分档，最终为 ABCD 四档，分别代表“优秀”“良好”“合格”和“关注”[160]。

在对社会责任、环境绩效、绿色创新等进行实证研究时，学者也构建了相关的指标体系，可为本书研究建构民营企业绿色治理指数提供参考。王建明等[161]将绿色创新划分为三个维度，分别是生产创新、技术创新和营销创新，其中绿色生产创新方面首先是通过绿色采购保障绿色原材料供应，其次表现在绿色产品生产环节的质量控制方案和措施以及科学的绿色工艺流程等方面；绿色技术创新方面主要包括绿色技术研究投入、绿色技术评价方法采用、绿色产品更新换代速度和自主研发绿色产品占比等；绿色营销创新主要指通过采用绿色沟通与促销策略确立绿色产品的品牌地位并能快速有效地识别顾客的绿色需求。邓丽[162]采用评分法来评价企业的环境绩效，参与评分的项目包括企业的环保认证情况、企业环境友好称号情况、环保核查情况和环保事故发生情况。

陈留彬[163]在对山东省规模以上企业进行问卷调查时，设计了一整套社会责任评价指标体系，主要包括六个维度，其中员工权益保护权重占比 40%，环保和可持续发展、企业诚信和消费者债权人权益保护及社会关系分别占比 18%、15%和 13%，另外社会公益和慈善活动占比 8%，社会责任管理占比 6%。黄群慧等[164]借鉴三种底线理论和利益相关者理论构建社会责任评价体系的理论模型，主要分为四个维度，分别是责任管理、社会责任、环境责任和市场责任，包括守法合规、社会参与和降污减排等 13 个子项，并对标国际社会责任指数和国内社会责任倡议等，形成分行业的社会责任指标体系，最终对中国 100 强企业社会责任发展状况进行评价分析。买生等[165]基于科学发展观拓展了社会责任评价的维度，在原有社会责任、环境责任和市场责任的基础上加入科学发展维度，包括生态可持续、经济可持续和社会可持续三个三级指标，其中生态可持续衡量方面，采用刘宇辉[166]基于生态足迹研发的生态可持续指数。沈洪涛等[167]参考《企业环境行为评价技术指南》，对污染排放、环境管理和社会影响三个维度设定相应的权重进行评价，从而得到环境绩效总得分。肖红军等[168]构建了企业社会责任能力成熟度评价指标体系，共包括 6 个一级指标，23 个二级指标，一级指标包括：责任理念与战略、社会责任推进管理能力、合规透明运营能力以及经济价值、社会价值和环境价值的创造能力，每一个维度又分别有无能级、弱能级、本能级、强能级和超能级 5 个级别。

此外，2017 年 7 月 22 日，南开大学中国公司治理研究院绿色治理准则课题组发布了全球首部绿色治理的指导性文件——《绿色治理准则》，其中就绿色治理的主体识别、绿色治理的责任界定、绿色治理行为塑造和协同模式等提供了指导[169]。

《绿色治理准则》通过一系列规则来建立一套具体的绿色治理运作机制，以推动治理主体的绿色行为，保护生态环境，促进生态文明建设，实现自然与人的包容性发展。从特点上来看，《绿色治理准则》作为指导性规范，对全球绿色治理实践具有指导作用，《绿色治理准则》介于绿色治理理论和相关法规之间，也使得其具有操作性和实践意义，《绿色治理准则》充分考虑了生态环境的可承载性以及人与自然的包容性发展，是一种符合发展规律的崭新理念，也使其具有前瞻性。

从内容上来看，《绿色治理准则》的提出为绿色治理的评价提供了重要的参考，准则强调治理主体间平等、自愿、协调和合作的关系。政府作为绿色治理的顶层设计者和政策制定者，为其他主体参与绿色治理提供制度与平台；企业作为主要的自然资源消耗和污染排放主体，是绿色治理的重要主体和关键行动者。因而，企业应建立绿色治理架构，进行绿色管理，培育绿色文化，并在考核与监督、信息披露、风险控制等方面践行绿色治理理念；社会组织作为独立的第三方，在加强自身规范化、专业化运营，完善绿色治理机制的同时，要紧密联系各治理主体，以实现对其他主体在绿色治理过程中的监督、评价、协调、教育、培训以及引导等。通过识别治理系统中各主体的关联性，综合考虑各方利益和诉求，建立政府顶层推动、企业利益驱动和社会组织参与联动的“三位一体”的多元治理主体协同治理机制[169]。

第二节　怎样来评价

一、绿色治理指标的构成

基于国内外科研院所和专家学者构建的相关指标和南开大学中国公司治理研究院发布的《绿色治理准则》，南开大学中国公司治理研究院基于客观性、公平性以及全面性，构建中国上市公司绿色治理评价体系。

遵循公司治理的一般研究逻辑“理念—结构—机制—行为—影响”，其中，理念是治理的灵魂，结构是治理的基础，机制是治理的核心，行为是治理的外在表现，影响是治理的价值所在。绿色治理首先应有绿色理念的确立，其次绿色治理应具备完善的绿色组织与运行保障，同时需要有效衡量企业绿色治理的效能结果并确认绿色治理的价值影响。依此，上市公司绿色治理评价体系包括绿色治理架构、绿色治理机制、绿色治理效能和绿色治理责任四大维度，合计近百个评价指标，中国上市公司绿色治理评价指标体系各维度各要素具体如表 5-1 所示。

中国上市公司绿色治理评价指标体系　　表 5-1

指数 Index	维度 Subject	要素 Item
中国上市公司绿色治理指数 （CGGI） Corporate Green Governance Index	绿色治理架构 Framework of Green Governance	绿色理念与战略 Green Idea and Strategy
		绿色组织与运行 Green Organization and Process
	绿色治理机制 Mechanism of Green Governance	绿色运营 Green Operation
		绿色投融资 Green Investment and Financing
		绿色办公 Green Office
		绿色考评 Green Evaluation
	绿色治理效能 Efficiency of Green Governance	绿色节能 Green Energy Conservation
		绿色减排 Green Emission Reduction
		绿色循环利用 Green Cyclic Utilization
	绿色治理责任 Responsibility of Green Governance	绿色公益 Green Public Welfare
		绿色信息披露 Green Information Disclosure

资料来源：南开大学中国公司治理研究院“中国上市公司绿色治理评价系统”。

（一）绿色治理架构

绿色治理架构是绿色治理的基础。绿色治理首先应有绿色理念的确立，这主要指在公司的文化、愿景、价值观以及战略发展方向中融入绿色治理理念，从而运用治理理念指导绿色实践，建立长期可持续发展的战略目标。其次绿色治理应具备完善的绿色组织与运行保障，有必要形成“董事会负责、管理层执行、其他部门协调配合”的多层次治理架构，以保证绿色治理制度有效落实。

在绿色理念与战略方面，指标体系主要涉及公司在一系列愿景、使命和价值观中是否嵌入绿色包容性理念以及在公司的战略目标中是否包含绿色环保内容或者有专门的绿色环保战略，例如新和成在2016年社会责任报告中指出“树立创新、协调、绿色、开放、共享的发展理念，致力推进环境保护与友好、资源节约与循环经济建设，致力于发展绿色化工，坚持清洁生产，走可持续之路，建立环境友好型企业。”

在绿色组织与运行方面，指标体系主要涉及董事会、经理层、环保机构、工作小组等绿色人员配置以及环保会议的开展等。以董事会为例，董事会是公司治理的核心，理应对绿色治理负责，董事会在绿色治理方面的结构维度主要包括董事会是否设置专门的绿色环保委员会；董事会人员构成的环保背景；董事会的履职情况，如对环境管理制度的审查和环境风险流程的评估等。

综上，在上市公司绿色治理评价系统中，绿色治理架构维度主要针对绿色理念与战略、绿色组织与运行两方面进行评价，考查上市公司在绿色愿景、使命、价值观、发展战略以及绿色组织机构设置和运行等方面的现状。

（二）绿色治理机制

绿色治理机制是绿色治理的核心，绿色治理需要一系列机制来保障其实现治理目标。作为上市公司，首先在运营机制上应践行绿色治理，体现在绿色生产、绿色技术和绿色供应链等方面；其次，企业在投融资的机制建设方面，可通过发行绿色债券、绿色股票和参与碳金融交易等一系列行为嵌入绿色治理；另外，企业在办公行政机制方面，可通过节能电器、无纸化、共享班车等途径实现绿色办公，最后在激励与约束机制方面，企业应推行绿色考评，在公司考核体系中纳入环保指标，设置环保奖惩方案。

具体说来，绿色运营指标主要包括合规性、绿色设备、绿色供应链、绿色技术和绿色产品等。合规性是一个公司运营的基本，即遵守相关的法律法规，没有违规处罚等，另外此处评价体系也加入ISO 14001认证和其他绿色环保认证，作为合规性的支撑指标。同时，绿色运营机制还包括充分考虑供应链中的环境影响，力求整个供应链对环境的影响降到最低，在企业生产经营的各个方面（如绿色设备、绿色产品、绿色技术、绿色采购、绿色仓储、绿色运输和绿色包装等）均践行绿色治理。

绿色投融资主要涉及投资环评、环保投入、绿色融资等。投资环评是指企业在投资决策时充分考虑环境保护要素，导入环保一票否决权，践行“三同时”制度，即一切基础建设项目和开发项目等，环保设施必须与主体工程同时设计、同时施工、同时投产使用，加强项目建设中的环境评估和环境保护，鼓励环保行为。环保投入主要考查企业在环保研发、环境治理以及环保设施改造技术升级等方面的绿色投资情况。绿色融资主要指上市公司发行绿色债券、绿色股票，参与碳金融交易等，如南钢股份在2017年社会责任报告中披露“与世界银行签署碳减排购买协议，是世界银行‘碳融资’的第一个钢铁行业项目”。

绿色办公主要包括绿色IT和绿色办公环境等。绿色IT主要指无纸化办公、计算机服务器的节能表现、视频会议、网络会议等，而绿色办公环境既包括空调、电器等的绿色设计，还包括公司工作环境的绿色覆盖率、建筑和装修的环保情况等。如 TCL 集团在社会责任报告中披露“致力于在企业运营的各个方面推进绿色发展，在集团和各产业大力提倡环保绿色办公，节约资源、减少污染物产生，开展回收利用，尽最大可能降低对环境的影响。其中无纸化办公方面，推广 KOA（知识办公自动化）系统、电子邮件的应用，利用网络进行资料共享，避免、减少纸质资料传递；非重要文件、没有保存要求的文件不使用新的复印纸打印、复印，纸张尽量进行双面使用。”

绿色考评主要包括绿色激励和绿色约束。具体是指上述公司业绩考核时不仅仅考量工作绩效，也需要纳入绿色指标，尤其表现在薪酬和职位晋升上。同时，一旦出现环保违规或风险事故，也需有追责或处分的制度约束。如崇达技术在社会责任报告中指出“公司严格依照国家及省市相关政策法规推动环保工作，为实现各项环境安全达标，将制度约束和考核激励相结合，每年年初制定并发布环境安全管理目标指标，以节能降耗、清洁生产、预防污染、安全生产等几项综合性指标对年度环保工作进行考核，奖励先进、激励后进，提升全体员工的环保意识。”

综上，上市公司绿色治理评价系统中的绿色治理机制主要针对绿色运营、绿色投融资、绿色办公和绿色考评进行评价，考查上市公司在绿色环保经营管理活动、绿色激励约束等方面的现状。

（三）绿色治理效能

绿色治理效能是绿色治理的目标。为降低环境的负荷，上市公司既要节约资源、降低能耗，又要使用清洁能源，减少“三废”（废气、废水、固体废弃物）排放，与此同时实现资源和废物的可循环利用，这不仅体现在重污染企业，高科技企业和金融机构等也可以通过一系列绿色治理机制和其他自主性行为实现节能减排，提升绿色治理效能。绿色治理效能指标主要从定量角度衡量企业绿色治理的结果性指标，具体包括：绿色节能、绿色减排和绿色循环利用。

绿色节能方面，首先考虑上市公司单位产值的能源消耗状况，这是能源节约的综合表现，其次是细分的水、电的节约等，这也是能源消耗的重要内容，在评价指标中，我们不仅考虑水电节约的绝对值，同时考虑它们的年度比较相对值。最后我们将新能源的采用纳入绿色节能要素中，因为新能源（如太阳能、风能、地热能等）均具有环保、可持续的特点，相较于传统能源，在资源消耗方面具有明显优势。如徐工机械公司大力建设 41.8MW 光伏发电项目，预计年节约电费 600 余万元，节约标准煤 2 万吨，万元产值能耗由 2016 年的 0.0124 吨标准煤下降为 2017 年的 0.0111 吨标准煤，下降了 10.48%，超过了徐州市下达年度 GDP 能耗下降率（4.85%）。徐工重型、徐工科技、徐工履带底盘机组已投产发电，全年节约电费 200 余万元。

绿色减排方面，上市公司的“三废”首先应达标排放，满足环保部门的监管排放要求，其次上市公司应减少排放，采用指标体系考查上市公司在过去一年内减少排放废气、废水和固体废弃物的数量或比例。另外，上市公司在污染减排领域除了要减少传统三废污染物的排放，也要注重减少噪声污染、光污染等新兴污染的产生和排放。考查上市公司采取的降噪措施和效果是了解上市公司污染排放的重要内容之一。例如洋河股份为确保噪声排放达标，优先选用低噪声的生产设备，对磨粉机、鼓风机、离心风机、除尘风机和空压机等高噪声生产设备进行合理布局，并采取有效的减振、隔声、降噪等措施，确保厂界噪声达到《工业企业厂界环境噪声排放标准》GB 12348—2008 中 2 类标准。

绿色循环利用方面，既包括采用可循环资源，也包括三废的回收再利用，采用可循环资源能在实现循环利用的同时节约资源，是与环境和谐的发展模式，实现“资源—产品—再生资源”的循环流程，使得资源和能源均能得到充分合理的循环使用，并把环境影响降低到尽可能小的程度。例如，雅安三九创新开发药渣绿色循环综合利用项目，将药渣中未被提取的物质进一步提取后利用，再将剩余药渣用于生产有机肥。雅安三九有约 10000 亩的中药材种植基地，每年有机肥需求量 1000 吨以上。用药渣生产出的有机肥可用于雅安三九的中药材种植基地，种植出的药材再投入生产线，实现了药渣的循环综合利用。

综上，上市公司绿色治理评价系统中的绿色治理效能评价体系主要针对绿色节能、绿色减排和绿色循环利用进行评价，考查上市公司在能源消耗、污染排放和资源循环方面的现状。

（四）绿色治理责任

绿色治理责任是绿色治理的价值体现。上市公司绿色治理责任一方面体现在开展绿色公益活动，使员工和社会大众共同参与绿色治理上；另一方面，也体现在公司本身的绿色信息披露行为上，上市公司不仅要进行事后披露，还要充分考虑到可能存在的潜在环境风险并进行预披露。充分、及时、可靠的绿色信息披露可以帮助投资者、监管部门和社会公众了解公司全貌以及绿色治理的状况和结果。

绿色公益方面，主要包括环保教育培训、绿色传播活动和绿色捐赠活动等。如太钢不锈钢公司在 2017 年社会责任报告中指出公司不定期开展不同形式的环境宣传教育活动，普及推广环境保护的基本知识和法律法规，来提高全体员工的环保理念与价值观，规范绿色行为。集团公司董事长李晓波在《太钢日报》发表了署名文章《忠实践行“绿水青山就是金山银山”新理念》以及《担当尽责 坚决打赢蓝天保卫战》，系统阐述了新形势下打造太钢绿色发展升级版的新思路和新要求。公司还承办“铁腕治污进行时”现场直播活动，公司环境治理取得的成果也受到了广泛关注，受到市民好评。另外，特别邀请五十余名新华小记者参观考察公司，体验大型钢铁企业的绿色发展之路、亲眼见证了钢铁是怎样炼成的。

绿色信息披露方面，包括信息披露的充分性、及时性和可靠性。其中充分性主要衡量上市公司社会责任报告总体和环境部分的内容完整性以及风险信息的充分性，做到信息披露形式完整、内容齐全。及时性主要指环境风险的预警以及出现环境事故是否及时披露，提高公司透明度。可靠性是信息的生命，因此指标体系还将上市公司发布的社会责任报告是否通过外部审计作为考察对象之一。如盐湖股份公司认真执行环境监测及信息公开工作，积极委托格尔木市环境监测部门及省级入围监测单位对公司各产污单位大气污染物进行季度监督性监测及比对监测，环境监测数据及时公布在省环保厅官网上。

综上，上市公司绿色治理评价系统中的绿色治理责任评价体系针对绿色公益、绿色信息披露和绿色包容进行评价，考查上市公司在环境信息披露和利益相关者保护等方面的现状。

二、绿色治理指标的权重

在已有研究的基础上，绿色治理指标体系的权重设置主要采用的是主客观相结合的指标打分法。指标打分表即经过评价领域的专业人士设计并邀请公司治理领域的专家学者分别对一级指标、二级指标和三级指标进行打分。根据打分标准核对专家打分数据，并使用有效性检验的方法验证了每一份专家打分表的有效性。最后，分别计算了专家打分所获得权重的算术平均值和加权平均值，若两者相差不大，说明指标的权重设计较为合理。

指标数据的主要来源是上市公司社会责任报告，在此基础上，还综合了公司网站、网络检索等其他途径获得的绿色治理方面的信息。指标打分细则的初步确定经历了多位专家学者的多次讨论和修正，以此为基础，我们筛选出几家上市公司社会责任报告进行试打分，根据试打分情况对打分细则进行调整和完善，并最终确定完整的打分细则。另外，借鉴汤森路透的 ESG（环境，社会与治理）评价体系的调减方法，我们也在最后根据上市公司近三年的奖惩情况适当调增调减。

采用绿色治理指标打分法，首先要检索巨潮资讯网上的社会责任报告（截止到 2018 年 4 月 30 日），人工阅读及文本分析，找出体现绿色治理各打分项的相关句段，进行文本摘录，并根据内容的详略程度对各打分项进行基础赋分（0 表明企业不涉及绿色治理的这个打分项，1 表明简单叙述，2 表明详细阐述），然后将各打分项基础赋分加总，构成四级指标的基本得分，专家在四级指标得分基础上根据各指标内容进行经验赋分（总分 100），得分基本满足正态分布，最后课题组成员交叉复核，最终由作者本人再次复核整理。

第三节　绿色治理指数

根据上文民营企业的定义，并删除缺失值、金融行业和当年新上市的样本等，本书选择了 384 家披露社会责任报告的民营上市公司，以其 2015—2017 年三年的数据为分析样本，针对这些样本，按照前文的打分细则和评分方法，我们对其进行绿色治理评价。评价结果如表 5-2 所示，2015—2017 年民营上市公司绿色治理指数的平均值为 54.55，中位数为 54.53，绿色治理指数的标准差为 4.39，极差为 25.15，治理整体水平相对集中。

从四大维度来看，绿色治理责任的均值最高，为 55.88，说明民营上市公司在履行外部绿色责任方面表现较好，主要表现在绿色公益活动中；绿色治理机制和绿色治理效能维度次之，说明民营上市公司在绿色治理机制方面和节能减排方面还存有一定的进步空间，而民营上市公司的绿色治理架构维度的均值最低，为 53.52，反映出在民营上市公司在绿色治理理念战略和顶层设计方面较为薄弱，是未来需努力提升的方向。

从绿色治理架构的两个构成要素来看，绿色理念与战略要素均值较高，为 55.63，但公司间差异较大，其标准差为 7.19；而绿色组织与运行要素的平均值较低，为 52.69，上市公司之间的差异较小，其标准差为 4.22。从绿色治理机制的四个构成要素来看，绿色运营要素得分最高，平均值为 56.03；绿色办公要素的平均值次之，为 55.15；绿色投融资要素平均值为 53.81；绿色考评要素的平均值最低，仅为 51.90，是绿色治理各要素间最欠缺的部分，这也说明民营上市公司在激励与约束机制设计上需要更多地将环保和绿色指标纳入其中。从绿色治理效能的三个构成要素来看，绿色减排要素最高，平均值为 55.30，但上市公司间差异较大，标准差为 10.06；绿色节能要素的平均值次之，为 53.47；绿色循环利用要素的平均值最低，为 53.67，说明民营上市公司在资源的循环利用和新能源的使用方面改善空间较大。从绿色治理责任的两个构成要素来看，绿色公益要素的平均值最高，为 57.15；绿色信息披露要素的平均值相对较低，为 54.11，同时民营上市公司在绿色治理责任各要素之间的差异都较小，绿色公益要素和绿色信息披露要素的标准差分别为 3.91 和 3.60。各维度各要素绿色治理指数的描述性统计见表 5-2。

民营上市公司绿色治理指数各维度各要素描述性统计 **表 5-2**

项目	平均值	中位数	标准差	极差	最小值	最大值
绿色治理指数	54.55	54.53	4.39	25.15	42.64	67.78
绿色治理架构	53.52	52.87	3.76	15.70	50.00	65.70
绿色理念与战略	55.63	50.00	7.19	30.00	50.00	80.00
绿色组织与运行	52.69	50.00	4.09	18.00	50.00	68.00
绿色治理机制	54.36	53.22	4.22	19.30	50.00	69.30
绿色运营	56.03	55.25	4.63	19.25	50.00	69.25
绿色投融资	53.81	50.00	5.69	24.00	50.00	74.00
绿色办公	55.15	50.00	6.82	30.00	50.00	80.00
绿色考评	51.90	50.00	4.94	30.00	50.00	80.00

续表

项目	平均值	中位数	标准差	极差	最小值	最大值
绿色治理效能	54.26	53.82	5.61	30.37	42.24	72.61
绿色节能	53.47	50.00	6.82	35.00	44.00	79.00
绿色减排	55.30	55.00	10.06	47.00	34.00	81.00
绿色循环利用	53.67	50.00	6.00	26.00	50.00	76.00
绿色治理责任	55.88	55.62	3.37	18.09	50.00	68.09
绿色公益	57.15	56.67	3.91	21.67	50.00	71.67
绿色信息披露	54.11	54.00	3.60	23.00	50.00	73.00

资料来源：南开大学上市公司绿色治理数据库及作者整理。

为了进一步分析民营上市公司的绿色治理状况，本书进行 2015—2017 年三年间的年度比较分析，由表 5-3 可知，民营上市公司绿色治理指数的平均水平在 2015—2017 年呈现出不断上升的趋势，从 2015 年的 53.67 上升到 2017 年的 55.03，一定程度上反映了民营上市公司对绿色治理愈发重视。具体在四大维度方面，除绿色治理效能维度为 2017 年比 2016 年稍有回落外，其余三大维度如绿色治理架构、绿色治理机制和绿色治理责任在三年间也均表现出逐年上升的发展态势，尤其是绿色治理责任维度，从 2015 年的 54.14 上升到 2017 年的 58.41，上升了约 7.89%。

纵向对比方面，2015 年民营上市公司绿色治理效能维度稍显薄弱，而在 2016 年和 2017 年度，四大维度比较中绿色治理架构维度指数较低，一定程度上反映了民营上市公司在绿色治理方面存在“倒逼”情况，重行为而轻结构机制建设，因此后续将进一步探讨民营上市公司绿色治理的内部动力机制和外部融资回馈机制，2015—2017 年的民营上市公司绿色治理发展状况见表 5-3 和图 5-1。

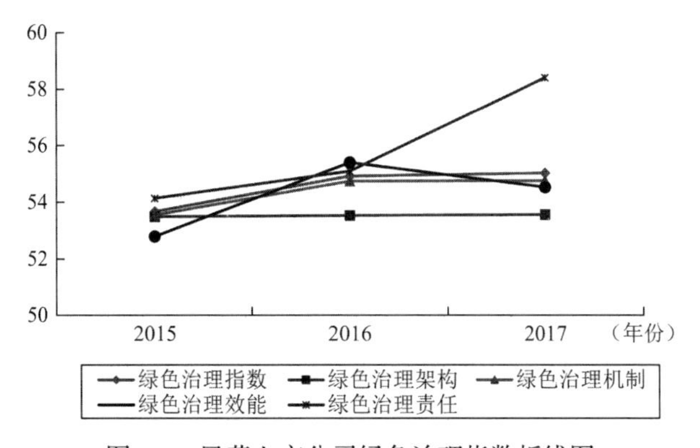

图 5-1　民营上市公司绿色治理指数折线图

资料来源：南开大学上市公司绿色治理数据库及作者整理

民营上市公司 2015—2017 年绿色治理指数描述性统计比较　　表 5-3

项目	2015 年	2016 年	2017 年
绿色治理指数	53.67	54.92	55.03
绿色治理架构	53.49	53.53	53.56
绿色治理机制	53.55	54.74	54.76
绿色治理效能	52.79	55.40	54.53
绿色治理责任	54.14	55.10	58.41

通过对 2015—2017 年 384 个民营上市公司有效样本绿色治理状况进行分析，民营上市公司绿色治理存在如下特征及问题：

第一，总体来看民营上市公司绿色治理指数各维度的发展并不均衡。从三年间均值来看，民营上市公司绿色治理责任维度的指数最高，绿色治理机制维度的指数和绿色治理效能维度的指数次之，绿色治理架构维度的指数的平均值最低。这反映出民营上市公司绿色治理发展中存在一定程度的“倒逼”状况，重外部行为而轻内部结构建设。民营上市公司绿色治理并不是从内到外自发形成的结果，而是通过外部监管导致的行为合规和责任履行来推动内部治理理念和治理结构的发展，因此需进一步探讨民营上市公司绿色治理的内部动力机制及回馈效应。

第二，从各维度下的具体要素来看，绿色治理架构维度下的绿色组织与运行是短板，下一步民营上市公司应着力加强董事会、经理层等各职能小组架构的完善；绿色治理机制维度下，绿色运营和绿色办公水平均较好，说明企业在日常生产运营和办公行政中较好地体现了企业的“绿色观”，但绿色考评要素方面表现欠佳，下一步应重点考虑更多地将绿色指标纳入上市公司激励约束机制中。绿色治理效能方面，节能、减排和循环利用方面发展相对较为均衡，未来应不仅仅满足于强制性合规，而应更多地进行绿色创新，而在绿色治理责任维度可进一步提升民营上市公司绿色信息披露的数量和质量。

第六章

民营企业绿色治理的内部动力机制

第一节　研究设计

一、样本选择与数据来源

本书以截至 2018 年 4 月 30 日在巨潮资讯网上发布社会责任报告的民营上市公司 2015—2017 年数据为研究样本，剔除掉金融业、当年新上市及其他数据不完整的样本，其中民营上市公司的定义同前文一致，即上市公司实际控制人是自然人或家族，家族持股（控股）比例在 10%以上，且家族实际控制人或其家族成员在上市公司担任高管，最终共有 384 个有效样本。

对于民营企业绿色治理指数的衡量，采用本研究第四章构建的上市公司绿色治理评价体系，手工挖掘企业社会责任报告进行文本分析，依据评分细则对每一子项进行评分，再根据专家打分确定的权重一一确定各三级指标、二级指标的分值，最终形成绿色治理总指数，同时，还在打分基础上，通过公司网站、网络检索等其他途径获得上市公司最近三年绿色治理方面发生的奖惩事件进行赋分调整，具体做法和论证详见本书第四章。

控制变量的公司财务和公司治理数据大多来自 csmar 数据库中的民营企业上市公司子数据库，部分数据来自 wind 数据库，民营上市公司传承数据主要通过手工查阅年报中的实际控制人产权关系图和董事、监事、高管基本情况表，并借助百度、谷歌等搜索引擎查找相关亲缘关系来确定。对于实际控制人为家族（两个自然人及以上）的上市公司，为保证实际控制人人口统计学特征统计口径的一致性，进一步比较家族成员间的持股比例，选定持股比例比较高的自然人，若两人比例完全相同，则按照两人在上市公司的任职情况选定实际控制人，从而手工搜集确定实际控制人的政治关联特征。

此外，关于重污染行业的分类标准，借鉴吴超等[170]的分类定义，采用中国证监会 2012 年修订的《上市公司分类指标》的行业代码，其中重污染行业有煤炭、冶金、化工、石化、火电、钢铁、水泥、电解铝、建材、造纸、酿造、制药、发酵、纺织、制革和采矿业共 16 个行业。本研究中也使用中国证监会 2012 年修订的《上市公司行业分类指引》的行业代码按照《国民经济行业分类》GB/T 4754—2017、《上市公司行业分类指引》以及《上市公司环境信息披露指南（征求意见稿）》2010 年界定的 16 个重污染行业，对样本上市公司进行了重污染与非重污染的界定，其中 384 个样本公司中重污染行业有 122 个，非重污染行业有 262 个。

二、变量说明与模型设定

（一）变量说明

本章的被解释变量为绿色治理 *Green*，是通过上一章民营企业绿色治理评价指标体系构建的绿色治理指数，包括绿色治理架构、绿色治理机制、绿色治理效能与绿色治理责任四大维度。解释变量主要是家族涉入，分为家族控制和家族传承，其中家族控制以实际控制人拥有上市公司控制权比例来衡量，家族传承为虚拟变量，以民营上市公司是否有家族二代成员涉入来衡量，有则为 1，反之为 0。调节变量方面，分别选取政治关联和绩效困境两个变量，其中政治关联以实际控制人是否担任人大代表、政协委员等衡量，内部绩效困境以上市公司当年净利润是否比去年下降的虚拟变量来衡量。控制变量方面，本书选取可能会对民营上市公司绿色治理产生影响的企业特征、公司财务及公司治理变量，如上市年龄、净利润、资产负债率、成长性、综合杠杆、董事会规模和独立董事比例等，此外，由于民营企业绿色治理可能受到区域制度环境等约束，本书也在控制变量中引入法律环境，以王小鲁等[171]发布的中国分区域市场化指数报告中市场中介组织的发育和法律制度环境 2014 年的评分衡量。同时，在研究设计中也引入了年份和行业虚拟变量，本章研究所涉及的变量类型、名称、符号和定义等如表 6-1 所示。

变量定义表　　表 6-1

变量类型	变量名称	变量符号	变量定义
被解释变量	绿色治理	*Green*	绿色治理指数，通过第四章指标构建拟合的数据，主要包括绿色治理架构、绿色治理机制、绿色治理效能与绿色治理责任
解释变量	家族控制	*Familycontrol*	家族控制，以实际控制人拥有上市公司控制权比例作为替代变量
	家族传承	*Familyinherit*	家族传承，以上市公司是否有家族二代成员涉入为替代变量
调节变量	政治关联	*Political*	虚拟变量，实际控制人是否（曾）担任人大代表、政协委员等
	绩效困境	*Dilemma*	虚拟变量，若民营上市公司净利润比去年有下降，则取值为 1，反之为 0
分组变量	区域绿色发展水平	*Pro*	区域绿色发展水平，2016 年各区域生态文明建设年度评价结果的“绿色发展”指数
	企业生命周期	*Life*	企业生命周期，借鉴 Dickison 基于现金流组合划分生命周期的方法，分为成长期、成熟期和衰退期
控制变量	净利润	*Profit*	净利润增加额的对数，若净利润比去年下降，则取净利润绝对值的对数的相反数
	资产负债率	*Debt*	负债/总资产
	董事会规模	*Board*	董事会人数

续表

变量类型	变量名称	变量符号	变量定义
控制变量	成长性	*Grow*	营业收入增长率
	独立董事比例	*Indep*	独立董事人数/董事会人数
	上市年龄	*Age*	样本年份减去上市年份
	综合杠杆	*Lev*	(净利润 + 所得税费用 + 财务费用 + 折旧 + 摊销)/(净利润 + 所得税费用)
	法律环境	*Law*	借鉴王小鲁、樊纲等（2016）市场化指数中 2014 年各省份的“市场中介组织的发育和法律制度环境”得分
	年份	*YEAR*	年份虚拟变量
	行业	*IND*	行业虚拟变量

（二）模型设定

为了验证假设 1，构建了如下多元回归模型(1)，以家族控制 *Familycontrol* 为主要自变量，为了验证假设 2，在模型(2)的基础上加入了实际控制人政治关联的调节项以及政治关联与家族控制的交乘项，详见模型(2)和模型(3)，其余控制变量保持不变，其中 β_0 是截距项，$\beta_{1\text{-}13}$ 是各变量的回归系数，μ 是随机误差项。我们重点关注系数 β_1 和 β_3。为了验证假设 3，本书在模型(1)的基础上加入了绩效困境的调节项以及绩效困境与家族控制的交乘项，详见模型(4)和模型(5)，其余控制变量保持不变，其中 β_0 是截距项，$\beta_{1\text{-}13}$ 是各变量的回归系数，μ 是随机误差项，我们重点关注 β_1 和 β_3 的系数。稳健性检验中，本书用家族传承替代家族控制，同样重点考查 *Familyinherit* 的系数、*Familyinherit* × *Political* 和 *Familyinherit* × *Dilemma* 的系数。

$$Green = \beta_0 + \beta_1 Familycontrol + \beta_4 Profit + \beta_5 Debt + \beta_6 Board + \beta_7 Grow + \beta_8 Indep + \beta_9 Age + \beta_{10} Lev + \beta_{11} Law + \beta_{12} Year + \beta_{13} Ind + \mu \quad \text{模型(1)}$$

$$Green = \beta_0 + \beta_1 Familycontrol + \beta_2 Political + \beta_4 Profit + \beta_5 Debt + \beta_6 Board + \beta_7 Grow + \beta_8 Indep + \beta_9 Age + \beta_{10} Lev + \beta_{11} Law + \beta_{12} Year + \beta_{13} Ind + \mu \quad \text{模型(2)}$$

$$Green = \beta_0 + \beta_1 Familycontrol + \beta_2 Political + \beta_3 Familycontrol \times Political + \beta_4 Profit + \beta_5 Debt + \beta_6 Board + \beta_7 Grow + \beta_8 Indep + \beta_9 Age + \beta_{10} Lev + \beta_{11} Law + \beta_{12} Year + \beta_{13I} nd + \mu \quad \text{模型(3)}$$

$$Green = \beta_0 + \beta_1 Familycontrol + \beta_2 Dilemma + \beta_4 Profit + \beta_5 Debt + \beta_6 Board + \beta_7 Grow + \beta_8 Indep + \beta_9 Age + \beta_{10} Lev + \beta_{11} Law + \beta_{12} Year + \beta_{13} Ind + \mu \quad \text{模型(4)}$$

$$Green = \beta_0 + \beta_1 Familycontrol + \beta_2 Dilemma + \beta_3 Familycontrol \times Dilemma + \beta_4 Profit + \beta_5 Debt + \beta_6 Board + \beta_7 Grow + \beta_8 Indep + \beta_9 Age + \beta_{10} Lev + \beta_{11} Law + \beta_{12} Year + \beta_{13} Ind + \mu \quad \text{模型(5)}$$

第二节　描述性统计

一、描述性统计结果

本书对全样本和重污染行业的主要变量的描述性统计如表 6-2 所示，样本公司的绿色治理水平的均值为 54.55，标准差为 4.387，重污染行业绿色治理水平的均值比全样本上市公司稍高，为 55.96，这可能与重污染行业在绿色治理效能和绿色治理责任维度上评分较高有关。从家族控制变量来看，全样本上市公司实际控制人控制权比例达到 37.79%，比重污染行业的高了 2.58%，从家族传承变量上看，20.60%的民营上市公司均有二代涉入，这一比例在重污染行业高达 31.1%。

调节变量方面，民营上市公司实际控制人政治关联的比例为 49%，重污染行业中该比例为 51%。34%的民营企业绩效比上一年下降，而重污染行业中，38%的民营企业处于绩效困境中。控制变量方面，全样本的净利润的对数为 5.82，高于重污染行业的 4.56，从资产负债率来看，全样本民营上市公司为 44%，重污染行业的资产负债率为 37%，董事会规模方面全样本上市公司和重污染上市公司差别不大，分别为 8.28 和 8.15，在公司成长性方面，全样本上市公司的营业收入增长率的均值约为 8%，重污染行业的均值为 6%，董事会独立性方面，全样本上市公司和重污染行业的独立董事比例分别为 38%和 37%，上市年龄方面，样本公司上市年龄均在 10 年以上，风险方面，全样本的综合杠杆系数为 1.98，低于重污染行业上市公司的 2.18，说明重污染行业民营上市公司的风险相对较高，法律环境方面，全样本上市公司所在省份的法律环境指数均值为 10.32，优于重污染行业上市公司所在省份的均值。综上，全样本上市公司和重污染上市公司在被解释变量、解释变量和控制变量上存在一定差异。各变量的均值、标准差及极值等描述性统计结果详见表 6-2。

变量的描述性统计　　　　表 6-2

变量	全样本					重污染行业				
	样本	均值	标准差	极小值	极大值	样本	均值	标准差	极小值	极大值
Green	384	54.55	4.39	42.64	67.78	122	55.96	4.84	42.64	67.78
Familycontrol	384	37.79	15.06	10.43	89.41	122	35.21	13.54	10.43	89.41
Familyinherit	384	0.21	0.41	0	1	122	0.31	0.47	0	1
Political	384	0.49	0.50	0	1	122	0.51	0.50	0	1
Dilemma	384	0.34	0.48	0	1	122	0.38	0.49	0	1
Profit	384	5.82	17.56	−23.61	21.99	122	4.56	17.62	−20.16	21.33

续表

变量	全样本					重污染行业				
	样本	均值	标准差	极小值	极大值	样本	均值	标准差	极小值	极大值
Debt	384	0.44	0.20	0.03	1.04	122	0.37	0.16	0.03	0.72
Board	384	8.28	1.75	4	18	122	8.15	1.34	4	10
Grow	384	0.08	0.30	−1.04	5.67	122	0.06	0.07	−0.20	0.41
Indep	384	0.38	0.05	0.33	0.60	122	0.37	0.05	0.33	0.50
Age	384	10.61	6.19	1	25	122	10.07	5.58	1	23
Lev	384	1.98	4.61	−43.5	48.22	122	2.18	3.39	−21.4	18.83
Law	384	10.32	4.42	1.33	16.19	122	8.75	4.70	1.33	16.19

二、变量相关性分析

为了避免解释变量之间多重共线性的影响，在进行回归之前，对各变量之间的相关性进行了分析，具体方法为皮尔森（Pearson）相关系数法，分析结果如表 6-3 所示。本书的被解释变量绿色治理 *Green* 和解释变量家族控制 *Familycontrol* 和家族传承 *Familyinherit* 均为正相关关系。另外，尽管在控制变量内部有些变量存在显著的相关关系，但变量间相关系数的最大取值的绝对值为 0.548（董事会规模 *Board* 与董事会独立性 *Indep*），表明变量之间的多重共线性问题并不严重。

变量的相关性分析　　表 6-3

变量	*Green*	*Family control*	*Family inherit*	*Profit*	*Debt*	*Board*	*Grow*	*Indep*	*Age*	*Lev*	*Law*
Green	1.0000										
Familycontrol	0.0720	1.0000									
Familyinherit	0.0100	0.0060	1.0000								
Profit	0.106**	0.0680	−0.090*	1.0000							
Debt	0.0020	0.185***	−0.0570	0.0530	1.0000						
Board	0.0520	0.0590	0.0140	−0.0050	0.130**	1.0000					
Grow	−0.0190	0.0090	−0.0290	0.171***	−0.0170	−0.0770	1.0000				
Indep	0.0530	0.0660	−0.130**	0.0600	−0.091*	−0.548***	0.227***	1.0000			
Age	−0.0200	0.0030	0.156***	0.0110	0.339***	0.168***	−0.0330	−0.097*	1.0000		
Lev	−0.097*	−0.0400	−0.0200	−0.0450	0.0730	0.0310	−0.0280	−0.0540	0.0650	1.0000	
Law	−0.0530	−0.0410	0.0370	−0.0220	0.0640	−0.0420	−0.0110	−0.0340	−0.152***	−0.0080	1.0000

注：*、**、***分别代表在 10%、5%、1%的水平下的显著性。

第三节　实证结果分析

一、家族涉入与绿色治理的实证分析

为了验证假设 1，本书采用多元回归方法研究家族涉入与企业绿色治理的关系，在控制了年份和行业的影响后，被解释变量为企业绿色治理，解释变量为家族控制，回归结果如表 6-4 所示，列（1）中 *Familycontrol* 的系数显著为正，说明在民营上市公司中，家族控制越强，民营上市公司的绿色治理水平越高，从平均意义上说，全样本民营上市公司家族控制比例每增大 1%，企业的绿色治理指数上升 0.0224，家族控制与企业绿色治理呈显著正相关关系。为了进一步验证实际控制人政治关联的影响，在同样控制变量的情况下，列（2）在列（1）的基础上先加入了政治关联的虚拟变量 *Political*，列（3）在列（2）的基础上又加入了家族控制与政治关联的交乘项 *Familycontrol* × *Political*，从列（2）来看 *Familycontrol* 的系数显著为正，说明在控制了实际控制人政治关联的情形下，家族控制对企业绿色治理水平仍有显著的促进作用。从列（3）来看，不仅家族控制 *Familycontrol* 的系数显著为正，政治关联 *Political* 的系数也显著为正，家族控制与政治关联的交乘项 *Familycontrol* × *Political* 的系数显著为负。三者综合来看即可得知，家族控制与实际控制人政治关联均能有效提升企业绿色治理水平，但两者共同存在时，具有一定的抵消作用，即实际控制人政治关联一定程度上削弱了家族控制对企业绿色治理的正向促进作用，亦可说明家族控制对上市公司绿色治理的提升作用在实际控制人政治关联较弱的情形下表现得更为显著，验证了假设 2。

控制变量方面，尽管净利润、资产负债率、上市年龄与法律环境与民营上市公司绿色治理水平无显著相关关系，但从列（1）、（2）、（3）来看，上市公司的公司治理因素，如董事会规模与董事会独立性的系数显著为正，说明民营上市公司董事会规模越大，独立董事比例越高，绿色治理水平也越高，另外，公司成长性指标的系数显著为负，与绿色治理呈显著负相关关系，说明较高营业收入增加率的企业绿色治理水平反而较弱，这可能与企业经营目标有关，而企业的综合杠杆系数的系数也显著为负，说明企业综合杠杆越大，面临的经营风险和财务风险也越高，企业绿色治理表现则相对较差。具体各变量的回归结果如表 6-4 所示。

家族控制、政治关联与企业绿色治理　　表 6-4

变量	（1）	（2）	（3）
	Green	*Green*	*Green*
Familycontrol	0.0224* （3.0463）	0.0366* （3.1343）	0.0439* （3.8612）

续表

变量	（1）	（2）	（3）
	Green	*Green*	*Green*
Political		0.7306 （2.4992）	1.6706** （4.6334）
Familycontrol × *Political*			−0.0384** （−5.3268）
Profit	0.0156 （1.1278）	−0.5451 （−2.2528）	0.0157 （1.1914）
Debt	0.6094 （1.4698）	0.0463* （2.9496）	0.6200 （1.5390）
Board	0.4538*** （10.4462）	2.7066 （1.0755）	0.4513*** （11.4276）
Grow	−0.7198** （−5.1528）	0.4354 （0.8985）	−0.6398** （−4.8204）
Indep	14.3377* （4.2224）	−4.7535 （−1.9014）	13.6180* （3.8799）
Age	−0.0222 （−1.7682）	22.3843 （1.3973）	−0.0228 （−2.1476）
Lev	−0.1031* （−3.0810）	−0.1389 （−1.2777）	−0.1033* （−2.9500）
Law	−0.0685 （−2.6697）	−0.0124 （−0.1316）	−0.0656 （−2.7177）
年份	控制	控制	控制
行业	控制	控制	控制
r2_a	0.1482	0.1464	0.1477
N	384	384	384

注：*、**、***分别代表在 10%、5%、1%的水平下的显著性。（ ）中数据为参数估计的标准差，后不赘述。

为了验证假设 3，本书在加入绩效困境变量后继续采用多元回归方法研究家族控制与企业绿色治理的关系，在控制了年份和行业的影响后，被解释变量和解释变量与上文保持一致，仍为企业绿色治理 *Green* 和家族控制 *Familycontrol*，其中在调节变量绩效困境 *Dilemma* 的选取时，主要借鉴了 Dekker[48]构建公司盈利性的虚拟指标的定义方法，当 *Dilemma* 取值为 1 时，表示公司利润相较上一年为下降态势，当 *Dilemma* 取值为 0，则表示公司利润相比上一年有所上升。

表 6-5 报告了家族控制、内部绩效困境与企业绿色治理的回归结果，列（4）与表 6-5 中列（1）基本一致，考虑到之后加入绩效困境变量与净利润直接相关，列（4）中控制变量里删掉净利润变量，列（5）在列（4）的基础上加入了内部绩效困境的虚拟变量 *Dilemma*，列（6）在列（5）的基础上又加入了家族控制与内部绩效困境交乘项 *Familycontrol* × *Dilemma*，从列（4）、列（5）和列（6）中可以看出，家族控制 *Familycontrol* 的系数均显著为正，说明家族控制能有效提升民营企业的绿色治理水平，进一步验证了假设 1。

但从列（5）和列（6）中可以看出，尽管绩效困境 *Dilemma* 与家族控制与绩效困境的交乘项 *Familycontrol* × *Dilemma* 的系数为负，但由于这两个变量的系数都不显著，因此无法推导出内部绩效困境能削弱家族控制对企业绿色治理水平的促进作用，这一结果可能与民营上市公司中家族控制对绿色治理的正向影响主要从保全社会情感财富的角度分析，并与不以经济利益为首要决策参照点有关，因此家族控制对绿色治理的提升效应不会因为绩效的变化而出现转移。稳健性检验中我们将运用家族传承变量表征家族涉入继续探索企业内部绩效困境的调节效应。

家族控制、内部绩效困境与企业绿色治理　　表 6-5

变量	（4）	（5）	（6）
	Green	*Green*	*Green*
Familycontrol	0.0232* （3.3671）	0.0224* （3.0318）	0.0241*** （12.5212）
Dilemma		−0.5414 （−1.2048）	−0.3170 （−0.6707）
Familycontrol × *Dilemma*			−0.0061 （−0.2434）
Debt	0.6942 （1.6123）	0.6220 （1.5017）	0.6216 （1.5040）
Board	0.4582** （9.3710）	0.4538*** （10.3775）	0.4528** （9.2312）
Grow	−0.5641** （−8.0881）	−0.6980** （−6.9436）	−0.6950** （−8.1596）
Indep	14.4526** （5.2465）	14.3624* （4.2766）	14.3281* （4.2051）
Age	−0.0211 （−1.4003）	−0.0221 （−1.7312）	−0.0227 （−1.7838）

续表

变量	（1）	（2）	（3）
	Green	*Green*	*Green*
Lev	−0.1066* （−3.5935）	−0.1036* （−3.1308）	−0.1041* （−3.3096）
Law	−0.0710 （−2.8894）	−0.0684 （−2.6993）	−0.0686 （−2.6408）
年份	控制	控制	控制
行业	控制	控制	控制
r2_a	0.1468	0.1477	0.1454
N	384	384	384

注：*、**、***分别代表在 10%、5%、1%的水平下的显著性。

二、稳健性检验

（一）聚焦重污染行业

为了全面分析民营企业绿色治理的内部动力机制，我们在稳健性检验中聚焦重污染行业，重污染行业面临的政府监管、公众关注等利益相关者压力相对较大，重污染行业上市公司在绿色治理方面具有一定的特殊性，需关注重污染行业民营上市公司的绿色治理状况及内部影响因素，其中重污染行业的分类标准上文已经确定。

重污染行业家族控制与企业绿色治理的回归结果如表 6-6 所示，控制变量与上文回归分析中保持不变，列（16）中家族控制 *Familycontrol* 的系数显著为正，说明在重污染行业，家族控制与企业绿色治理水平的正相关关系仍然成立，从平均意义上说，重污染行业民营上市公司家族控制比例每增大 1%，企业的绿色治理指数上升 0.0302。

列（17）在列（16）的基础上中加入政治关联 *Political* 变量和家族控制与政治关联交乘项 *Familycontrol* × *Political* 后，发现家族控制 *Familycontrol*、政治关联 *Political*、家族控制与政治关联交乘项 *Familycontrol* × *Political* 三者的系数均不显著，说明在聚焦重污染行业时，实际控制人的政治关联并不能发挥调节效应，政治关联的调节效应仅在全样本中得以体现，即由于重污染行业本身的特殊性，家族控制可以提升企业绿色治理水平，但与实际控制人的政治关联无显著关系，重污染行业中，政治关联对家族控制的影响并不存在抵消效应。

列（18）是在列（16）的基础上加入绩效困境 *Dilemma* 变量和家族控制与绩效困境交乘项 *Familycontrol* × *Dilemma*，发现家族控制 *Familycontrol* 的系数为 0.0323，且在 1%的置信区间正显著，说明在重污染行业，考虑到绩效困境的影响后，家族控制仍能显著地提升民营企业的绿色治理水平，但通过列（18）可以看出，绩效困境 *Dilemma* 和交乘项 *Familycontrol* × *Dilemma* 的系数虽为负，但不显著，说明聚焦重污染行业时，绩效困境也无法发挥调节效应，与全样本上市公司结果一致。

综上，在重污染行业中，只有家族控制对企业绿色治理的正向影响稳健地存在，而政治关联和绩效困境的调节效应还有待进一步检验，究其原因，可能与民营上市公司在重污染行业样本相对较少有关。

重污染行业家族控制与企业绿色治理 **表 6-6**

变量	（16）	（17）	（18）
	Green	*Green*	*Green*
Familycontrol	0.0302** （8.6048）	0.0733 （1.0587）`	0.0323*** （22.7603）
Political		1.9840 （0.6936）	
Familycontrol × *Political*		−0.0583 （−0.6454）	
Dilemma			−0.9879 （−0.4662）
Familycontrol × *Dilemma*			−0.0183 （−0.4295）
Debt	2.7567 （1.1936）	1.9498 （0.5840）	2.7493 （1.0559）
Board	0.4364 （1.1044）	0.4763 （1.0958）	0.3935 （0.8757）
Grow	−5.9858 （−1.8790）	−6.0413 （−1.4761）	−3.9347 （−1.9184）
Indep	21.1388 （1.5370）	20.8318 （1.4760）	20.4139 （1.3793）
Age	−0.0280 （−0.2723）	−0.0290 （−0.2902）	−0.1237 （−1.2319）
Lev	0.0280 （0.2168）	0.0309 （0.2361）	0.0019 （0.0201）
Law	0.1220 （1.2667）	0.1156 （1.3559）	0.0440 （0.4082）

续表

变量	（1）	（2）	（3）
	Green	*Green*	*Green*
年份	控制	控制	控制
r2_a	0.0765	0.0809	0.0236
N	122	122	122

注：*、**、***分别代表在 10%、5%、1%的水平下的显著性。

（二）解释变量的不同衡量

家族涉入不仅表现为上述研究的家族控制，也表现为一部分家族实际控制人愿意将民营企业传承给自己的下一代家族成员，即家族传承。为了进一步验证上述三个假设，本书继续采用多元回归方法研究家族传承与企业绿色治理的关系，在控制了年份和行业的影响后，被解释变量为企业绿色治理 *Green*，解释变量为家族传承 *Familyinherit*，并分别探究政治关联和绩效困境影响下的民营企业绿色治理。

表 6-7 探讨家族传承、政治关联与绿色治理的相关关系，从表中可知，列（19）中 *Familyinherit* 的系数显著为正，说明在民营上市公司中，家族传承与企业绿色治理呈显著正相关关系，家族传承能有效提升民营企业绿色治理水平。为了进一步验证实际控制人政治关联的影响，在同样控制变量的情况下，列（20）在列（19）的基础上先加入了政治关联的虚拟变量 *Political*，列（21）在列（20）的基础上又加入了家族传承与政治关联交乘项 *Familyinherit*×*Political*，从列（20）来看，*Familyinherit* 的系数仍显著为正，说明在控制了实际控制人政治关联的情形下，家族传承对企业绿色治理水平仍有显著的促进作用，另外政治关联 *Political* 的系数为 0.3624，在 10%的置信区间内显著，但从列（21）来看，家族传承 *Familyinherit*、政治关联 *Political* 和交乘项 *Familyinherit*×*Political* 的系数均不显著，说明政治关联的调节效应在家族传承与绿色治理之间并不存在，从家族传承的角度分析，无法证实假设 2，政治关联能削弱家族涉入对企业绿色治理的正向促进作用仅仅表现在家族控制上，在家族传承上并不稳健。

家族传承、政治关联与企业绿色治理　　表 6-7

变量	（19）	（20）	（21）
	Green	*Green*	*Green*
Familyinherit	0.5178*** （13.0504）	0.5577*** （14.9319）	0.3456 （1.6350）
Political		0.3624* （3.2068）	0.2556 （2.7904）

续表

变量	(1)	(2)	(3)
	Green	Green	Green
Familyinherit × Political			0.4972 (1.1011)
Profit	0.0176 (1.3740)	0.0177 (1.4763)	0.0174 (1.4653)
Debt	0.8595 (2.6396)	0.7787 (2.2414)	0.7014 (1.8938)
Board	0.4813** (9.6815)	0.4680** (9.6900)	0.4701*** (10.0920)
Grow	−0.7567** (−6.6720)	−0.7039** (−7.1601)	−0.7284** (−6.9644)
Indep	15.8996** (4.3755)	15.2560* (4.0791)	15.4727** (4.4361)
Age	−0.0342* (−3.1519)	−0.0385* (−3.7870)	−0.0379* (−3.5570)
Lev	−0.1037* (−3.3743)	−0.1023* (−3.1490)	−0.1020* (−3.1959)
Law	−0.0745* (−2.9713)	−0.0739* (−2.9346)	−0.0705* (−3.1882)
年份	控制	控制	控制
行业	控制	控制	控制
r2_a	0.1450	0.1441	0.1422
N	384	384	384

注：*、**、***分别代表在10%、5%、1%的水平下的显著性。

为了进一步对家族涉入、绩效困境和绿色治理的相关关系进行稳健性检验，本节以家族传承 *Familyinherit* 为主要的解释变量，调节变量内部绩效困境 *Dilemma* 与上文一致，继续借鉴 Dekker[48]的方法，当 *Dilemma* 取值为 1 时，表示公司利润相较上一年为下降态势，处于绩效困境中，反之则表示公司利润比上一年有所上升。表 6-8 报告了家族传承、绩效困境与企业绿色治理的回归结果，通过列（22）可以看出，家族传承 *Familyinherit* 的系数为 0.4395，且显著为正，说明家族传承能显著提升民营上市公司的绿色治理水平，这一结果契合假设中提出的家族传承代表着企业的永续经营，社会责任感更强，更愿意在绿色治理方面践行绿色治理理念。列（23）在列（22）的基础上加入了调节变量内部绩效困境 *Dilemma*，此时家族传承 *Familyinherit* 的系数仍显著为正，且显著性比列（22）更高，列（24）在列（23）的基础上加入家族传承和绩效困境的交乘项 *Familyinherit* × *Dilemma*，此时家族传承 *Familyinherit* 的系数显著为正，但交乘项 *Familyinherit* × *Dilemma* 的系数却显著为负，说明在绩效困境下，家族传承对民营上市公司绿色治理水平的促进作用得以削弱，反过来即证明在民营上市公司绩效较佳的情形下，家族传承促进企业绿色治理水平提升的效应会更加强烈，证实假设 3。

家族传承、内部绩效困境与企业绿色治理　　**表 6-8**

变量	（22）	（23）	（24）
	Green	*Green*	*Green*
Familyinherit	0.4395** （4.3962）	0.5155*** （12.9881）	0.6045*** （16.0749）
Dilemma		−0.6149 （−1.4774）	−0.5653 （−1.3352）
Familyinherit × *Dilemma*			−0.2160** （−4.4524）
Debt	0.9335* （2.9339）	0.8724 （2.7015）	0.8746 （2.6878）
Board	0.4852** （8.5083）	0.4813** （9.5954）	0.4831** （9.5039）
Grow	−0.5794** （−4.9654）	−0.7334** （−9.2252）	−0.7310** （−8.9386）
Indep	15.9612** （5.2752）	15.9251** （4.4238）	15.9919** （4.4050）
Age	−0.0322 （−2.0242）	−0.0341* （−3.0450）	−0.0344* （−2.9837）
Lev	−0.1081* （−4.0105）	−0.1042* （−3.4270）	−0.1041* （−3.4051）
Law	−0.0769* （−3.3487）	−0.0744* （−3.0084）	−0.0745* （−2.9671）
年份	控制	控制	控制
行业	控制	控制	控制
r2_a	0.1427	0.1446	0.1423
N	384	384	384

注：*、**、***分别代表在 10%、5%、1%的水平下的显著性。

第七章

民营企业绿色治理的外部融资回馈

第一节　研究设计

一、样本选择与数据来源

本书以截至 2018 年 4 月 30 日在巨潮资讯网上发布社会责任报告的民营上市公司 2015—2017 年数据为研究样本，剔除掉金融业、当年新上市及其他数据不完整的样本，其中民营上市公司的定义同前文，实际控制人是自然人或家族，家族持股（控股）比例在 10% 以上，且家族实际控制人或其家族成员在上市公司担任高管，最终共有 384 个有效样本。

对于民营企业绿色治理指数的衡量，采用本研究之前构建的上市公司绿色治理评价体系，手工挖掘企业社会责任报告进行文本分析，依据评分细则对每一子项进行评分，再根据专家打分确定的权重一一确定各三级指标、二级指标的分值，最终形成绿色治理总指数，同时，还在打分基础上，通过公司网站、网络检索等其他途径获得上市公司最近三年绿色治理方面发生的奖惩事件进行赋分调整，具体做法和论证详见第四章。

对于民营企业融资约束的衡量，由于 *KZ* 指数和 *WW* 指数包含一些内生性变量，本书主回归中采用 *SA* 指数衡量融资约束，*SA* 指数只包括企业规模和上市年龄两个变量，且企业规模和上市年龄这两个变量随时间变化较小，有利于从长期角度研究民营上市公司融资约束行为。后续稳健性检验中采用 *KZ* 指数衡量，具体公式如下：

$$SA = -0.737 \times Size + 0.043 \times Size^2 - 0.04 \times Age$$

式中，*Size* 为总资产的自然对数，*Age* 为企业上市年龄。

$$KZ = -1.001909 \times OCF/Asset + 3.139193 \times Lev - 39.3678 \times Dividends/Asset - 1.314759 \times Cash/Asset + 0.2826389 \times Tobin'sQ$$

式中，*OCF*/*Asset* 代表期初总资产标准化的上市公司经营性现金流量净值，*Dividends*/*Asset* 代表期初总资产标准化的上市公司现金股利，*Cash*/*Asset* 代表期初总资产标准化的上市公司货币资金，*Lev* 代表资产负债率，*Tobin'sQ* 代表托宾 *q* 值。

控制变量中的公司治理和公司财务数据主要来自国泰安数据库中的民营企业上市公司子数据库，部分数据来自万得数据库。对于实际控制人为家族（两个自然人及以上）的上市公司，为保证实际控制人人口统计学特征统计口径的一致性，进一步比较家族成员间的持股比例，选定持股比例比较高的自然人，若两人比例完全相同，则按照两人在上市公司的任职情况选定实际控制人，搜集确定实际控制人的性别背景、年龄背景、教育背景和金融背景等特征。金融发展的衡量参考中国人民银行官方网站披露的《2015 年中国区域金融运行报告》，具体数据来自中国人民银行各分行、营业管理部、省会（首府）城市中心支行等。

二、变量说明与模型设定

（一）变量说明

关于融资约束的衡量，由于其本身无法直接度量，现有研究主要采取以下几种方法度量：

（1）单一指标替代法，流动比率[172]、股利支付率、留存收益率等，江静[173]用应收账款率表示商业信用约束，用利息支出率表示企业银行信贷约束，用政府补贴率表示企业政府补贴约束，三者共同构成企业的外部融资约束。

（2）行为特征度量法，投资-现金流敏感性[174]和现金-现金流敏感性[175]，其中在企业面临融资约束，外部融资减少时，投资高度依赖内部现金流，当企业没有融资约束时，内部现金流与企业投资无显著相关关系。因此投资-现金流敏感性系数越高，融资约束越强烈，而现金-现金流敏感性模型主要考虑当期投资和未来投资之间的权衡问题，企业在面临融资约束时会留取资金保障未来投资需求，公司融资约束会影响企业的现金持有水平，对于融资约束相对严重的企业，会选择持有更多的现金，维持较高的现金流动性，以便于未来能够投资，因此企业的现金-现金流敏感性较高。换言之，融资约束越严重的企业，现金-现金流敏感性越高。因此融资约束企业的现金-现金流敏感性系数一般也较高。

（3）综合指数法，主要包括 *SA* 指数、*KZ* 指数和 *WW* 指数。*SA* 指数是通过运用公司规模和公司成立年限两个较外生的变量构造回归模型，*SA* 指数的计算公式为：

$$SA = -0.737 \times Size + 0.043 \times Size^2 - 0.04 \times Age$$ [176-177]

KZ 指数由 Kaplan 和 Zingale 于 1997 年提出，Lamont[178]进一步发展，*KZ* 指数的基本公式为：

$$KZ = -1.001909 \times OCF/Asset + 3.139193 \times Lev - 39.3678 \times Dividends/Asset - 1.314759 \times Cash/Asset + 0.2826389 \times Tobin'sQ$$

式中，*OCF/Asset* 代表期初总资产标准化的公司经营性现金流量净值，*Dividends/Asset* 代表期初总资产标准化的公司现金股利，*Cash/Asset* 代表期初总资产标准化的公司货币资金，*Lev* 代表资产负债率，*Tobin'sQ* 代表托宾 *q* 值。*WW* 指数由 Whited 和 Wu 在 2006 年对投资欧拉方程进行 *GMM* 估计构建，*WW* 指数的基本公式为：

$$WW = -0.091 \times CF - 0.062 \times DIVPOS + 0.021TLTD - 0.044 \times SIZE + 0.035 \times SG$$

变量主要包括现金量、股利支付虚拟变量、长期负债资产比、总资产对数和销售增长率。

本书回归主要采用 Hadlock 和 Pierce[176]的 *SA* 指数来测度企业的融资约束[177-179]，为避免内生性的干扰，Hadlock 和 Pierce[176]仅使用企业规模和企业年龄两个随时间变化不大且具有很强外生性的变量。对于解释变量，本书不仅选用第五章构建的民营上市公司绿色治

理总指数 *Green*，还分别将四大维度绿色治理架构 *G1*、绿色治理机制 *G2*、绿色治理效能 *G3* 与绿色治理责任 *G4* 分别纳入回归方程中进行统计分析。

另外，在调节变量方面，选择实际控制人的金融背景 *Background_Finance* 和区域金融发展 *F-env* 来探究金融高管和金融发展的调节效应。控制变量方面，本书控制了重污染行业 *Pollution*、上市公司所在省份的法律环境 *Law*、公司成长性 *Grow*、董事会规模 *Board*、董事会独立性 *Indep*、资产负债性 *Debt* 以及民营上市公司实际控制人的性别背景 *background_Gender*、年龄背景 *Background_Age*、教育背景 *Background_Education* 等，另外，还控制了年份的虚拟变量 *YEAR* 和行业的虚拟变量 *IND*，具体变量符号及定义详见表 7-1。

变量定义表　　　　**表 7-1**

变量类型	变量符号	变量定义
被解释变量	*FC*	融资约束，*SA* 指数/*KZ* 指数，具体衡量见上文
解释变量	*Green*	绿色治理指数，通过第四章指标构建拟合的数据，主要包括绿色治理架构、绿色治理机制、绿色治理效能与绿色治理责任四大维度
	G1	绿色治理架构维度得分
	G2	绿色治理机制维度得分
	G3	绿色治理效能维度得分
	G4	绿色治理责任维度得分
调节变量	*Background_Finance*	实际控制人金融背景，如有取值为 1，反之为 0
	F-env	区域金融发展，中国人民银行发布《2015 年中国区域金融运行报告》中各省份的银行营业网点总资产总额的自然对数
控制变量	*Pollution*	虚拟变量，是否为重污染企业，定义标准与上文一致
	Law	借鉴王小鲁、樊纲等市场化指数（2016）中 2014 年各省份的“市场中介组织的发育和法律制度环境”得分
	Grow	公司成长性，以营业收入增长率衡量
	Board	董事会规模，以董事会人数衡量
	Indep	董事会独立性，以独立董事人数/董事会人数衡量
	Debt	资产负债率，以负债/总资产衡量
	Background_Gender	实际控制人性别背景，女性为 1，男性为 0
	Background_Age	实际控制人年龄背景，以实际年龄为准
	Background_Education	实际控制人学历背景，中学及以下、大专、本科、硕士、博士分别取值 1～5
	YEAR	年份虚拟变量
	IND	行业虚拟变量

（二）模型设定

为了验证假设 4，本书构建了如下多元回归模型(6)，以融资约束为被解释变量，以民营上市公司绿色治理水平为解释变量，同时加入法律环境、资产负债率、董事会独立性、董事会规模、公司成长性以及重污染行业等一系列控制变量以及年度和行业固定效应，其中 β_0 是截距项，$\beta_{1\text{-}14}$ 是各变量的回归系数，μ 是随机误差项。

为了验证假设 5，本书在模型(6)的基础上先加入实际控制人的各背景变量，如实际控制人性别 *Background_Gender*、年龄 *Background_Age*、教育背景 *Background_Education* 和金融背景 *Background_Finance*，其他控制变量均保持不变，形成模型(7)，模型(8)在模型(7)的基础上进一步加入绿色治理与实际控制人金融背景的交乘项 *Green* × *Background_Finance*，研究实际控制人金融背景的调节效应，本书重点关注系数 β_1 和 β_3。

为了验证假设 6，本书在模型(6)的基础上先加入金融发展 *F-env* 变量，*Background_Finance*，其他控制变量均保持不变，模型(7)在模型(6)的基础上进一步加入绿色治理与实际控制人金融背景的交乘项 *Green* × *Background_Finance*，研究实际控制人金融背景的调节效应，本书重点关注系数 β_1 和 β_3。

$$FC = \beta_0 + \beta_1 Green + \beta_7 Pollution + \beta_8 Law + \beta_9 Grow + \beta_{10} Board + \beta_{11} Indep + \beta_{12} Debt + \beta_{13} Year + \beta_{14} Ind + \mu \quad \text{模型(6)}$$

$$FC = \beta_0 + \beta_1 Green + \beta_2 Background\_Finance + \beta_4 Background\_Gender + \beta_5 Background\_Age + \beta_6 Background\_Education + \beta_7 Pollution + \beta_8 Law + \beta_9 Grow + \beta_{10} Board + \beta_{11} Indep + \beta_{12} Debt + \beta_{13} Year + \beta_{14} Ind + \mu \quad \text{模型(7)}$$

$$FC = \beta_0 + \beta_1 Green + \beta_2 Background\_Finance + \beta_3 Green \times Background\_Finance + \beta_4 Background\_Gender + \beta_5 Background\_Age + \beta_6 Background\_Education + \beta_7 Pollution + \beta_8 Law + \beta_9 Grow + \beta_{10} Board + \beta_{11} Indep + \beta_{12} Debt + \beta_{13} Year + \beta_{14} Ind + \mu \quad \text{模型(8)}$$

$$FC = \beta_0 + \beta_1 Green + \beta_2 F\text{-}env + \beta_7 Pollution + \beta_8 Law + \beta_9 Grow + \beta_{10} Board + \beta_{11} Indep + \beta_{12} Debt + \beta_{13} Year + \beta_{14} Ind + \mu \quad \text{模型(9)}$$

$$FC = \beta_0 + \beta_1 Green + \beta_2 F\text{-}env + \beta_3 Green \times F\text{-}env + \beta_7 Pollution + \beta_8 Law + \beta_9 Grow + \beta_{10} Board + \beta_{11} Indep + \beta_{12} Debt + \beta_{13} Year + \beta_{14} Ind + \mu \quad \text{模型(10)}$$

第二节　描述性统计

一、描述性统计结果

各变量的描述性统计结果如表 7-2 所示，384 家样本上市公司的融资约束指标以 *SA* 指数衡量的均值为 4.918，以 *KZ* 指数衡量的均值为 1.185，但两者之间并无可比性，采用不同衡量方式是为了进行稳健性检验。主要的解释变量绿色治理水平 *Green* 的均值为 54.55，标准差为 4.387，四大维度绿色治理架构 *G1*、绿色治理机制 *G2*、绿色治理效能 *G3* 与绿色治理责任 *G4* 的均值分别为 53.52、54.36、54.26 和 55.88。另外，31.80%的样本公司为重污染行业，上市公司所在区域的市场化指数中的市场中介组织的发育和法律制度环境得分均值为 10.32，样本公司的平均营业收入增长率为 7.95%，董事会人数平均值为 8.28 人，独立董事比例平均值为 37.9%，资产负债率平均值为 44.4%，此外，民营企业实际控制人的背景信息方面，实际控制人中仅有 7.81%为女性，实际控制人的平均年龄为 56 岁，平均受教育背景为大学本科与硕士之间，约有 11.70%的实际控制人拥有金融背景。各省份银行营业网点总资产总额的自然对数为 11.487，具体各变量的均值、标准差和极值情况详见表 7-2。

变量描述性统计　　　　表 7-2

变量	样本	均值	标准差	极小值	极大值
FC_SA	384	4.918	1.555	1.727	9.315
FC_KZ	384	1.185	1.155	−2.873	8.822
Green	384	54.55	4.387	42.64	67.78
G1	384	53.52	3.759	50	65.70
G2	384	54.36	4.219	50	69.30
G3	384	54.26	5.613	42.24	72.61
G4	384	55.88	3.367	50	68.09
Pollution	384	0.318	0.466	0	1
Law	384	10.32	4.416	1.330	16.19
Grow	384	0.0795	0.301	−1.038	5.672
Board	384	8.281	1.753	4	18
Indep	384	0.379	0.0516	0.333	0.600
Debt	384	0.444	0.198	0.0341	1.037
Background_Gender	384	0.0781	0.269	0	1
Background_Age	384	56.05	8.220	33	83
Background_Education	384	3.342	1.136	1	5
Background_Finance	384	0.117	0.322	0	1
F-env	384	11.487	0.719	8.307	12.189

二、变量相关性分析

为了避免解释变量之间多重共线性的影响，在进行多元回归之前，对各变量之间（不包括调节变量）的相关性进行了分析，采用皮尔森（Pearson）相关系数法，变量的相关性分析结果如表 7-3 所示。本书的被解释变量融资约束 *FC_SA* 与绿色治理 *Green* 为显著正相关关系，被解释变量融资约束 *FC_KZ* 与解释变量绿色治理 *Green* 为显著负相关关系。另外，尽管在控制变量内部有些变量存在显著的相关关系，但总体来看变量之间的多重共线性问题并不严重。

变量的相关性分析　　表 7-3

变量	*FC_SA*	*FC_KZ*	*Green*	*Pollution*	*Law*	*Grow*	*Board*	*Indep*	*Debt*
FC_SA	1								
FC_KZ	0.007	1							
Green	0.137***	−0.180***	1						
Pollution	−0.235***	−0.175***	0.219***	1					
Law	0.031	0.029	−0.053	−0.243***	1				
Grow	−0.018	0.295***	−0.019	−0.036	−0.011	1			
Board	0.162***	−0.021	0.052	−0.052	−0.042	−0.077	1		
Indep	0.014	0.083	0.053	−0.078	−0.034	0.227***	−0.548***	1	
Debt	0.632***	0.382***	0.002	−0.272***	0.064	−0.017	0.130**	−0.091*	1

注：*、**、***分别代表在 10%、5%、1%的水平下的显著性。

第三节　实证结果分析

一、绿色治理与融资约束的实证分析

绿色治理总指数及其各维度指数与融资约束的回归结果如表 7-4 所示，列（1）中 *Green* 的系数显著为正，说明随着 *Green* 的提升，*FC_SA* 数值也就越大，即 *Green* 数值越高，民营上市公司融资约束程度越低。换句话说，在民营上市公司中，企业绿色治理水平越高，所受的融资约束程度越低，绿色治理能有效缓解企业融资约束。

从绿色治理的各分指数来看，*G2*、*G3*、*G4* 的系数显著为正，说明绿色治理机制、绿色治理效能和绿色治理责任维度与民营上市公司融资约束指标 *FC_SA* 为正相关关系，即在民营上市公司中，绿色治理机制、绿色治理效能和绿色治理责任的提升均能在一定程度上缓解融资约束。另外，绿色治理架构 *G1* 的系数为正，但不显著，说明民营上市公司绿色治

理架构维度对融资约束的影响还有待进一步验证。

控制变量方面，重污染行业 *Pollution* 的系数显著为负，说明在重污染行业，企业所受融资约束程度较高，而董事会规模 *Board*、董事会独立性 *Indep* 和资产负债率 *Debt* 的系数均显著为正，说明较高的董事会规模、较高的董事会独立性和良好的法律制度环境均能有效缓解民营上市公司的融资约束。具体各变量的回归结果见表 7-4。

民营上市公司绿色治理与融资约束　　　**表 7-4**

变量	（1）	（2）	（3）	（4）	（5）
	FC_SA	*FC_SA*	*FC_SA*	*FC_SA*	*FC_SA*
Green	0.0430* （3.2117）				
G1		0.0234 （1.1008）			
G2			0.0252* （3.3088）		
G3				0.0346* （4.1950）	
G4					0.1056** （5.6781）
Pollution	−0.1615* （−3.2754）	−0.1615 （−1.4464）	−0.0667 （−1.6415）	−0.1042 （−2.0058）	−0.1892* （−3.7972）
Law	0.0057 （0.9531）	0.0025 （0.3330）	0.0044 （0.6428）	0.0063 （0.9238）	−0.0023 （−0.2840）
Grow	−0.1682 （−0.6762）	−0.1898 （−0.7580）	−0.1871 （−0.7263）	−0.1306 （−0.5205）	−0.1923 （−0.8533）
Board	0.1127* （3.8727）	0.1249* （4.0719）	0.1290** （4.8373）	0.1149** （4.4129）	0.1093** （4.5212）
Indep	4.7502** （7.1980）	5.1753** （9.2341）	5.4939*** （13.5866）	4.8855** （8.5929）	4.9565** （9.0629）
Debt	4.4237*** （15.5962）	4.4293*** （17.4008）	4.4860*** （13.8921）	4.3011*** （16.0646）	4.2329*** （17.3632）
年份	控制	控制	控制	控制	控制
行业	控制	控制	控制	控制	控制
r2_a	0.4581	0.4482	0.4501	0.4592	0.4756
N	384	384	384	384	384

注：*、**、***分别代表在 10%、5%、1%的水平下的显著性。

为了验证假设 5，本书采用多元回归方法研究民营上市公司绿色治理、实际控制人金融背景与融资约束的关系，在控制了年份和行业的影响后，被解释变量为企业融资约束 *FC_SA*，解释变量为企业绿色治理 *Green*，为了进一步验证实际控制人金融背景的影响效应，列（6）在列（1）的基础上加入了实际控制人的各背景变量，如实际控制人性别 *Background_Gender*、年龄 *Background_Age*、教育背景 *Background_Education* 和金融背景 *Background_Finance*，且尤其关注实际控制人金融背景 *Background_Finance* 的系数，如列（6）所示，绿色治理 *Green* 仍显著为正，说明在控制了实际控制人的个人背景因素后，绿色治理缓解融资约束的结论仍然成立，此外，实际控制人金融背景 *Background_Financ* 也显著为正，说明当实际控制人拥有金融背景时，能有效利用自身优势缓解企业融资约束。

为了进一步验证实际控制人金融背景的调节效应，如表 7-5 所示，列（7）在列（6）的基础上又加入了企业绿色治理与民营上市公司实际控制人金融背景的交乘项 *Green* × *Background_Finance*，可以看到企业绿色治理 *Green* 和交乘项 *Green* × *Background_Finance* 的系数均显著为正，说明民营上市公司实际控制人金融背景具有明显的加强效应，即当上市公司实际控制人具有金融背景时，一定程度上能缓解民营企业与利益相关者之间的信息不对称问题，绿色治理缓解融资约束的效应更加强烈，证实假设 5。

民营上市公司绿色治理、金融高管与融资约束 **表 7-5**

变量	（6）	（7）
	FC_SA	*FC_SA*
Green	0.0476** （4.9434）	0.0283* （3.6189）
Background_Finance	0.3889** （5.4783）	−8.0407*** （−14.1438）
Green × *Background_Finance*		0.1541*** （14.3305）
Background_Gender	−0.3319 （−2.6237）	−0.3447 （−2.2554）
Background_Age	−0.0077 （−2.6331）	−0.0072* （−3.7376）
Background_Education	−0.2395** （−6.8483）	−0.2181** （−5.4253）
Pollution	−0.2140** （−7.4467）	−0.2930*** （−20.0874）
Law	−0.0042 （−0.8088）	−0.0071 （−2.3015）

续表

变量	（6）	（7）
	FC_SA	*FC_SA*
Grow	−0.2295 （−0.9394）	−0.1211 （−0.4668）
Board	0.0943* （3.5968）	0.0777* （2.9297）
Indep	4.6043** （7.3078）	4.1087** （6.0465）
Debt	4.4393*** （14.2792）	4.2770*** （14.9486）
年份	控制	控制
行业	控制	控制
r2_a	0.4817	0.4995
N	368	368

注：*、**、***分别代表在10%、5%、1%的水平下的显著性。

为了验证假设 6，本书采用多元回归方法研究民营上市公司绿色治理、金融发展与融资约束的关系，金融发展的衡量参考中国人民银行发布的《2015 年中国区域金融运行报告》中各省份的营业网点总资产总额的自然对数。在控制了年份和行业的影响后，被解释变量为企业融资约束 *FC_SA*，解释变量为企业绿色治理 *Green*，民营上市公司绿色治理、外部金融发展与融资约束回归结果如表 7-6 所示。

为了进一步验证企业所在地区金融发展的影响效应，列（9）在列（8）的基础上加入金融发展变量，可以看到绿色治理 *Green* 的系数和金融发展 *F-env* 的系数均为正显著，说明绿色治理可以缓解融资约束这一结论在控制了金融发展之后仍然成立，同时，区域金融发展越发达，区域内企业所受融资约束越小，列（10）在列（9）的基础上再加入金融发展变量与绿色治理变量的交乘项 $Green \times F\text{-}env$，以期验证金融发展在绿色治理影响融资约束中的调节效应，如表 7-6 所示，绿色治理 *Green* 的系数和金融发展 *F-env* 的系数显著为正，而交乘项系数显著为负，说明民营上市公司绿色治理和区域金融发展均能缓解民营上市公司的融资约束，但当两者共同作用时，作用抵消，金融发展能削弱绿色治理缓解融资约束的效应，与假设 6 相反，这一结论可能与在金融发展较好地区，企业本身较少受到融资约束，并不需要通过绿色治理来获取银行等利益相关者的关注。

综上，在金融发展欠发达的地区，民营上市公司绿色治理对融资约束的缓解作用更强。

民营上市公司绿色治理、外部金融发展与融资约束　　表 7-6

变量	(8)	(9)	(10)
	FC_SA	*FC_SA*	*FC_SA*
Green	0.0430* (3.2117)	0.0439* (3.3690)	0.6866** (7.0192)
F-env		0.2907** (9.1730)	3.4406** (6.1374)
Green × *F-env*			−0.0560** (−5.8858)
Law	−0.1615* (−3.2754)	−0.0299*** (−10.0863)	−0.0378*** (−18.9038)
Pollution	0.0057 (0.9531)	−0.0972 (−1.8028)	−0.1023 (−2.1013)
Grow	−0.1682 (−0.6762)	−0.1563 (−0.5967)	−0.1316 (−0.4668)
Board	0.1127* (3.8727)	0.0998* (3.8697)	0.1100** (4.4388)
Indep	4.7502** (7.1980)	4.4534** (7.3587)	4.3795** (8.1668)
Debt	4.4237*** (15.5962)	4.4201*** (16.4555)	4.4458*** (14.9596)
年份	控制	控制	控制
行业	控制	控制	控制
r2_a	0.4507	0.4633	0.4715
N	384	384	384

注：*、**、***分别代表在 10%、5%、1%的水平下的显著性。

二、稳健性检验

（一）稳健性检验 1：被解释变量的不同衡量方式

Kaplan 和 Zingales（1997）以经营性净现金流、现金持有量、派现水平、负债程度以及成长性五个因素作为表征融资约束的代理变量。计算出 *KZ* 指数后，通过二分法，将上市公司分为高融资约束组（$KZ = 1$）和低融资约束组（$KZ = 0$），*KZ* 指数越大，融资约束越大。

比较表 7-7 列（16）和列（17）可以发现，不论是直接用 *KZ* 指数衡量还是采用二分法的虚拟变量衡量融资约束，绿色治理 *Green* 的系数均显著为负，说明企业绿色治理水平越高，*KZ* 值越小，即企业面临的融资约束越小，验证了假设 4，即民营上市公司绿色治理能有效缓解企业融资约束，带来外部回馈。

另外，列（18）、列（19）、列（20）和列（21）分别为民营上市公司绿色治理各维度指数与融资约束的回归结果，我们可以看出，*G1*、*G2* 和 *G3* 的系数均显著为负，说明在民营企业中，绿色治理架构、绿色治理机制和绿色治理效能均能有效缓解企业融资约束，且由于 *G3* 系数的显著性更高，说明绿色治理效能在缓解企业融资约束方面的效应更强，*G4* 的系数虽然也为负，但不显著，并不能说明绿色治理责任能有效缓解企业融资约束。综上，采用 *KZ* 指数衡量融资约束时，基本验证了假设 4，即民营上市公司绿色治理能有效缓解企业融资约束。

稳健性检验 1：民营企业绿色治理与融资约束　　表 7-7

变量	（16）	（17）	（18）	（19）	（20）	（21）
	KZ	*FC_KZ*	*FC_KZ*	*FC_KZ*	*FC_KZ*	*FC_KZ*
Green	−0.0389** （−5.0260）	−0.0153** （−7.7099）				
G1			−0.0193* （−4.1499）			
G2				−0.0095* （−3.0350）		
G3					−0.0041*** （−11.3584）	
G4						−0.0084 （−1.8979）
Pollution	0.0524 （0.2324）	−0.0141 （−0.2073）	0.0221 （0.3155）	−0.0481 （−0.8126）	−0.0392 （−0.5858）	−0.0332 （−0.5034）
Law	−0.0081 （−0.5147）	−0.0071 （−1.1011）	−0.0050 （−0.8716）	−0.0066 （−1.0015）	−0.0069 （−1.0670）	−0.0062 （−0.9267）
Grow	0.9341** （4.3829）	0.0600 （0.7838）	0.0664 （0.8295）	0.0666 （0.8948）	0.0613 （0.8239）	0.0686 （0.9012）
Board	−0.0090 （−0.1915）	−0.0242 （−1.6823）	−0.0246 （−1.9173）	−0.0300 （−1.7384）	−0.0294 （−1.8561）	−0.0297 （−1.9324）
Indep	1.1810 （0.9512）	−0.3554 （−0.5299）	−0.3622 （−0.5823）	−0.6199 （−0.9492）	−0.5453 （−0.8230）	−0.5742 （−0.8801）
Debt	2.4401** （6.4640）	1.1502*** （23.5000）	1.1673*** （19.8689）	1.1277*** （28.9681）	1.1537*** （22.4256）	1.1526*** （21.1107）

续表

变量	(16)	(17)	(18)	(19)	(20)	(21)
	KZ	*FC_KZ*	*FC_KZ*	*FC_KZ*	*FC_KZ*	*FC_KZ*
年份	控制	控制	控制	控制	控制	控制
行业	控制	控制	控制	控制	控制	控制
r2_a	0.2735	0.2197	0.2211	0.2105	0.2062	0.2062
N	384	384	384	384	384	384

注：*、**、***分别代表在10%、5%、1%的水平下的显著性。

（二）稳健性检验2：不同回归方法

上述关于民营企业绿色治理与融资约束的回归均采用OLS普通最小二乘法，为了使实证结果更加稳健，通过Hausman检验，选取随机效应模型进一步检验民营上市公司绿色治理与融资约束的关系，解释变量、被解释变量和控制变量等均与上文保持不变，回归结果如表7-8所示。

从列（22）可以看出，当被解释变量为*SA*指数衡量的融资约束时，民营上市公司绿色治理*Green*的系数显著为正，说明在民营企业中，绿色治理水平越高，民营企业面临的融资约束越低。从列（23）和列（24）可以看出，当被解释变量为*KZ*指数数值和以*KZ*指数二分法衡量的融资约束高低虚拟变量两种方法衡量融资约束时，民营企业绿色治理*Green*的系数均显著为负，同样说明民营企业的绿色治理水平越高，企业面临的融资约束越低。这一实证结果与上文主效应的回归结果保持一致，其他控制变量的回归结果如表7-8所示，此处不一一赘述。

综上，采用随机效应模型进行民营企业绿色治理与融资约束的稳健性检验时，可得出结论：民营上市公司绿色治理能有效缓解企业的融资约束。上述实证结果稳健存在。

稳健性检验2：民营企业绿色治理与融资约束　　表7-8

变量	(22)	(23)	(24)
	FC_SA	*KZ*	*FC_KZ*
Green	0.0251** (2.4576)	−0.0336** (−2.1655)	−0.0146** (−2.1466)
Pollution	−0.3057 (−1.1115)	0.0496 (0.2434)	−0.0138 (−0.1686)
Law	−0.0019 (−0.0739)	−0.0071 (−0.3842)	−0.0070 (−0.9511)

续表

变量	(22)	(23)	(24)
	FC_SA	*KZ*	*FC_KZ*
Grow	−0.2600*** (−3.4638)	1.3174*** (8.8291)	0.1101 (1.4848)
Board	−0.0078 (−0.2168)	−0.0256 (−0.5440)	−0.0238 (−1.1821)
Indep	0.1389 (0.1498)	0.2092 (0.1420)	−0.3030 (−0.4571)
Debt	2.3233*** (9.6312)	2.4216*** (6.2320)	1.1336*** (6.7547)
年份	控制	控制	控制
行业	控制	控制	控制
r2_a	0.4315	0.3079	0.2633
N	384	384	384

注：*、**、***分别代表在10%、5%、1%的水平下的显著性。

第八章

民营企业绿色治理的多重影响机制

第一节　区域的影响

一、区域影响下民营企业绿色治理的内部动力机制分析

外部宏观环境对企业的影响是深远的，企业的行为决策一般均具有较强的情境依赖性，是在一定环境条件下做出的理性选择，胡珺等[180]在研究高管家乡认同这一非正式制度对企业环境治理的影响时，也将高管家乡的区域状况纳入调节因素的范围，实证结果发现企业高管籍贯所在地的经济发展程度、环境质量水平和家乡公众的绿色意识均对高管的家乡认同与环境绩效间的正向关系产生显著的促进作用。

对于本书的研究对象民营上市公司来说，家族控制对民营企业绿色治理水平的影响可能也受外部宏观环境的影响，尤其受民营上市公司所在区域绿色发展水平的限制。关于区域绿色发展水平的衡量，根据《生态文明建设目标评价考核办法》《绿色发展指标体系》和《生态文明建设考核目标体系》的要求，国家统计局、国家发展和改革委员会环境保护部和中央组织部于2017 年 12 月 26 日发布了 2016 年各省、自治区、直辖市生态文明建设年度评价结果，其中绿色发展指数包括资源利用、环境治理、环境质量、生态保护、增长质量、绿色生活和公众满意程度共 6 个方面的 55 项评价指标，本研究借助该指标来衡量各区域绿色发展水平。

为了展开不同情境的区域影响下民营企业绿色治理的内部动力机制分析，本研究采用二分法进行区域绿色发展指数分类，并运用分组回归的方法，列（7）为区域绿色发展指数大于均值的组，即绿色发展相对较好的区域，列（8）为区域绿色发展指数小于均值的组，即绿色发展相对较差的区域。通过列（7）、列（8）可知，家族控制 *Familycontrol* 的系数均显著为正，说明不管在绿色发展较好的区域还是绿色发展较弱的区域省份，家族控制均与企业绿色治理正相关，即民营企业的家族控制越强，民营上市公司的绿色治理水平越高。但比较这两列可知，列（7）中 *Familycontrol* 的系数在 1%的置信区间内显著，明显高于列（8）中 *Familycontrol* 的系数的显著性，说明区域绿色发展水平越高，家族控制对企业绿色治理水平的促进作用越明显，即宏观绿色发展环境的提升有利于微观民营企业绿色治理的内部动力机制的发挥。各控制变量的回归结果详见表 8-1，此处不一一赘述。

区域绿色发展分组下的家族控制与企业绿色治理　　表 8-1

变量	（7）	（8）
	绿色发展较好省份	绿色发展欠佳省份
	Green	*Green*
Familycontrol	0.0343*** （15.3887）	0.0192* （4.0705）

续表

变量	(7)	(8)
	绿色发展较好省份	绿色发展欠佳省份
	Green	Green
Profit	−0.0041 (−0.3636)	0.0207 (1.1745)
Debt	−0.5473 (−0.3998)	3.1939 (2.4453)
Board	0.3964* (3.8324)	0.2900 (2.8008)
Grow	−0.7825* (−3.3730)	4.1042 (0.9550)
Indep	22.6791 (2.6916)	12.3733 (2.6576)
Age	−0.0209 (−0.7841)	−0.0665 (−2.0533)
Lev	−0.1725** (−9.1149)	−0.0325 (−1.2033)
Law	0.0060 (0.1599)	−0.1739*** (−22.7165)
年份	控制	控制
行业	控制	控制
r2_a	0.2626	0.1474
N	176	208

注：*、**、***分别代表在 10%、5%、1%的水平下的显著性。

二、区域影响下民营企业绿色治理的外部回馈因素分析

民营企业绿色治理对融资约束的影响可能也受外部宏观环境的影响，尤其受民营上市公司所在区域绿色发展水平的限制。而对于区域绿色发展水平的衡量，参考国家统计局等发布的 2016 年各省、自治区、直辖市《生态文明建设年度评价结果》来衡量各区域绿色发展水平，同时也采用与上一章同样的分组回归的方法来研究不同情境的区域影响下民营企业绿色治理的外部融资回馈。

区域绿色发展分组下的企业绿色治理与融资约束的回归结果如表 8-2 所示，列（11）为区域绿色发展指数大于均值的组，即绿色发展相对较好的区域样本，列（12）为区域绿色发展指数小于均值的组，即绿色发展相对较差的区域样本。从列（11）和列（12）对比可知，列（11）中民营上市公司绿色治理 *Green* 的系数是−0.0040，为负数且不显著，而列（12）中民营上市公司绿色治理 *Green* 的系数为 0.0723，显著为正，说明只有在区域绿色发展水平相对较低的地区，民营企业较好的绿色治理才能缓解上市公司的融资约束，而在绿色治理发展较好的区域，民营企业绿色治理与融资约束的关系并没有显著的相关性，

这可能与区域绿色发展较差时，金融机构等利益相关者更加关心企业的环境污染问题，绿色治理较好的民营上市公司更有优势获得更多的政策倾斜和金融优惠等有关。其他各控制变量的回归结果详见表 8-2。

区域绿色发展分组下的企业绿色治理与融资约束　　　表 8-2

变量	（11）	（12）
	绿色发展较好区域	绿色发展欠佳区域
	FC_SA	*FC_SA*
Green	−0.0040 （−0.1644）	0.0723*** （4.0107）
Pollution	0.1809 （0.6562）	−0.1990 （−1.0649）
Law	0.0779*** （2.7427）	0.0241 （1.1752）
Grow	−0.2272 （−1.0660）	1.9705* （1.7108）
Board	0.1667*** （3.1352）	−0.1185 （−1.5965）
Indep	5.1798** （2.3055）	2.6735 （1.3724）
Debt	3.7953*** （6.4701）	4.9735*** （10.8784）
年份	控制	控制
行业	控制	控制
r2_a	0.4664	0.5883
N	176	208

注：*、**、***分别代表在 10%、5%、1%的水平下的显著性。

第二节　生命周期的影响

一、生命周期影响下民营企业绿色治理的内部动力机制分析

企业绿色治理不仅受区域宏观环境的影响，也与企业个体的发展状况息息相关，民营企业不同生命周期的企业特点不同，成长期的民营企业初具规模并急速扩张，有一定的资

源基础，且融资难度相对较小，有精力也有能力在绿色治理方面投入人力、物力和财力，成熟期的民营企业经营状况比较稳定，但可能缺乏新的利润增长点，面临“创业难，守业更难”的境地，表现在绿色治理方面，成熟期的民营企业较难愿意从根本上在架构流程等方面重塑绿色治理，绿色治理方面的积极性主要表现在绿色治理责任的履行上，而衰退期的民营企业面临一系列关乎自身存亡的问题，更难分出精力在绿色治理方面有所建树。

本书借鉴 Dickinson[181]基于现金流组合的不同特征划分企业生命周期的方法，将企业的发展划分为三个阶段，即成长期、成熟期和衰退期。其中成长期企业需满足的条件为投资活动现金流为负，筹资活动现金流为正，而成熟期企业的基本条件为经营活动现金流为正，投资活动现金流为负，筹资活动现金流为负，剩余情形自动划分为衰退期。表 8-3 中列（9）、列（10）、列（11）分别列示了企业在成长期、成熟期和衰退期这三个阶段的家族控制与企业绿色治理的回归结果。

从表格中可以看出，列（9）中家族控制 *Familycontrol* 的系数显著为正，而列（10）和列（11）中家族控制 *Familycontrol* 的系数有正有负且均不显著，三列比较可以看出，只有当企业处于成长期时，家族控制与企业绿色治理的正相关关系才存在，即家族控制越高，企业的绿色治理水平也越高，而在成熟期和衰退期的企业，民营上市公司的绿色治理水平并不受家族控制的影响。其他控制变量的实证结果详见表 8-3。

生命周期分组下的家族控制与企业绿色治理　　表 8-3

变量	（9）	（10）	（11）
	成长期	成熟期	衰退期
	Green	*Green*	*Green*
Familycontrol	0.0691** （4.8029）	−0.0315 （−1.7613）	0.0054 （0.5208）
Profit	0.0237 （1.3845）	−0.0015 （−0.1334）	0.0364 （0.9793）
Debt	0.6910 （0.3709）	2.1656 （0.5267）	1.6483 （0.4159）
Board	0.2217 （2.3142）	0.5568* （3.8651）	0.0886 （1.2841）
Grow	−0.3430 （−1.3142）	−3.4135 （−0.4215）	−0.3839 （−0.1039）
Indep	4.5425 （0.5559）	29.4544** （5.7198）	−0.8474 （−0.0337）
Age	0.0643 （1.1956）	−0.0796 （−0.6336）	−0.0244 （−0.3718）

续表

变量	（9）	（10）	（11）
	成长期	成熟期	衰退期
	Green	*Green*	*Green*
Lev	0.0367 （1.5167）	−0.2706 （−2.4548）	−0.0917 （−1.1144）
Law	−0.0240 （−1.0625）	−0.1035 （−1.5076）	−0.0602 （−0.4612）
年份	控制	控制	控制
行业	控制	控制	控制
r2_a	0.1928	0.2082	−0.0280
N	209	117	58

注：*、**、***分别代表在 10%、5%、1%的水平下的显著性。

二、生命周期影响下民营企业绿色治理的外部回馈因素分析

民营企业绿色治理的外部回馈不仅受区域宏观环境的影响，也与民营企业个体的发展状况息息相关，黄宏斌等[182]发现不同生命周期尤其是处于成长期的企业所面临的融资约束问题较为严重。与第五章类似，本章借鉴 Dickinson[181]基于现金流组合的不同特征划分企业生命周期的方法，将样本中民营上市公司的发展划分为三个阶段，分别为成长期、成熟期和衰退期。其中成长期民营企业需满足的条件为投资活动现金流为负，筹资活动现金流为正，经营活动现金流可正可负，而成熟期的民营企业需满足的基本条件为经营活动现金流为正，投资活动现金流为负，筹资活动现金流为负，剩余情形的民营企业自动划分为衰退期。

生命周期分组下的企业绿色治理与融资约束的回归结果如表 8-4 所示，列（13）、列（14）和列（15）分别列举了民营企业在成长期、成熟期和衰退期这三个阶段的上市公司绿色治理与融资约束的回归结果。从表格中可以看出，列（13）中民营上市公司绿色治理 *Green* 的系数显著为正，说明民营企业处于成长期时，企业绿色治理能缓解融资约束，而列（14）和列（15）中民营上市公司绿色治理 *Green* 的系数有正有负且均不显著，说明成熟期和衰退期的民营企业绿色治理和融资约束的关系有待进一步验证。三列比较可以看出，只有当民营企业处于成长期时，公司的绿色治理才能有效地缓解企业的融资约束问题，而处于成熟期和衰退期时，公司的绿色治理状况并未能影响到企业的融资约束。即民营企业绿色治理能够一定程度上缓解融资约束这一假设仅在成长期企业得以体现。

生命周期分组下的企业绿色治理与融资约束　表 8-4

变量	(13)	(14)	(15)
	成长期	成熟期	衰退期
	FC_SA	*FC_SA*	*FC_SA*
Green	0.0389* (1.7877)	0.0276 (1.1878)	−0.0169 (−0.3725)
Pollution	0.0158 (0.0697)	−0.5948** (−2.3454)	0.1733 (0.3346)
Law	0.0283 (1.2779)	−0.0221 (−1.0016)	0.0020 (0.0477)
Grow	−0.2256 (−1.0597)	0.3146 (0.2145)	3.1938* (1.8686)
Board	0.0041 (0.0747)	0.1352 (1.6049)	0.4924*** (3.4308)
Indep	3.6663* (1.8784)	5.3789** (2.2028)	9.7415* (1.8016)
Debt	4.4494*** (7.5454)	3.7589*** (6.3905)	4.7927*** (4.4234)
年份	控制	控制	控制
行业	控制	控制	控制
r2_a	0.5027	0.4023	0.4423
N	209	117	58

注：*、**、***分别代表在 10%、5%、1%的水平下的显著性。

第三节　内生性分析

考虑到在民营上市公司中，家族控制可能与企业绿色治理之间存在内生性问题，本书拟采用两种方法进行内生性分析，首先是在上述回归的基础上将解释变量家族控制 *Familycontrol* 滞后一期，重新进行 *OLS* 回归，被解释变量仍为企业绿色治理 *Green*，其他控制变量均保持不变，回归结果如表 8-5 所示，列（12）中 *Familycontrol* 的系数显著为正，说明在滞后一期的情形下，结果仍稳健地证实家族控制与企业绿色治理呈显著正相关关系，家族涉入能有效提升企业绿色治理水平。

内生性分析的另一种方法考虑了绿色治理指标体系中绿色治理架构、绿色治理机制和绿色治理机制的具体衡量指标相对内生，因此剔除掉这三个维度，仅选用外生的绿色治理效能指标 *G3* 为被解释变量进行检验，以家族控制为主要解释变量，其他控制变量与上文保持一致，探究家族涉入对绿色治理的动力机制，如表 8-5 中所示。

列（13）中家族控制 *Familycontrol* 的系数显著为正，说明仅用绿色治理效能表征绿色治理时，家族控制仍能显著地提升民营企业的绿色治理水平，列（14）在列（13）的基础上加入政治关联 *Political* 变量和家族控制与政治关联交乘项 *Familycontrol* × *Political* 后，家族控制 *Familycontrol*、政治关联 *Political*、家族控制与政治关联交乘项 *Familycontrol* × *Political* 三者的系数均显著，且交乘项的系数符号与家族控制系数的符号相反，系数和为正，说明用绿色治理效能表征绿色治理时，民营企业实际控制人的政治关联仍能发挥显著的负向调节效应，实际控制人政治关联一定程度上削弱家族控制对企业绿色治理的正向促进作用，假设 2 依旧稳健存在。

列（15）在列（13）的基础上加入绩效困境 *Dilemma* 变量和家族控制与绩效困境交乘项 *Familycontrol* × *Dilemma*，回归结果表明仅有家族控制 *Familycontrol* 的系数在 5%的置信区间正显著，绩效困境 *Dilemma* 和交乘项 *Familycontrol* × *Dilemma* 的系数均不显著，与表 8-5 采用绿色治理总体指数作为被解释变量的回归结果类似，无法推导出内部绩效困境在家族控制促进企业绿色治理水平提升中所发挥的调节效应，即无法证实假设 3。

内生性分析：家族控制与企业绿色治理　　**表 8-5**

变量	（12）	（13）	（14）	（15）
	Green	*G3*	*G3*	*G3*
L.Familycontrol	0.0259* （2.1215）			
Familycontrol		0.0252*** （3.7594）	−0.0278*** （−3.0450）	0.0228** （2.5003）
Political			−4.2490*** （−3.4552）	
Familycontrol × *Political*			0.0953*** （4.1701）	
Dilemma				−0.8614 （−1.2135）
Familycontrol × *Dilemma*				0.0086 （0.7411）
Profit	0.0221* （2.1385）	0.0144 （0.9309）	0.0142 （0.9648）	
Debt	0.1248 （0.1022）	4.3636** （2.8740）	4.3743** （2.6554）	2.7493 （1.0559）

续表

变量	（12）	（13）	（14）	（15）
	Green	G3	G3	G3
Board	0.4630*** （3.4424）	0.5052** （2.5718）	0.5151** （2.6297）	0.3935 （0.8757）
Grow	0.3625 （0.2212）	−1.9149*** （−14.1338）	−2.1283*** （−11.2863）	−3.9347 （−1.9184）
Indep	16.3543** （2.3165）	15.8777*** （4.4865）	17.8262*** （5.4534）	20.4139 （1.3793）
Age	−0.1060** （−2.8598）	0.0349 （0.9948）	0.0353 （1.0790）	−0.1237 （−1.2319）
Lev	−0.0384 （−0.8377）	−0.0581 （−1.4129）	−0.0662 （−1.4410）	0.0019 （0.0201）
Law	0.0221* （2.1385）	0.0144 （0.9309）	0.0142 （0.9648）	0.0440 （0.4082）
年份	控制	控制	控制	控制
行业	控制	控制	控制	控制
r2_a	0.1101	0.1364	0.1486	0.1342
N	248	384	384	384

注：*、**、***分别代表在10%、5%、1%的水平下的显著性。

考虑到民营企业的绿色治理与融资约束之间可能存在内生性问题，本书在上述回归的基础上将解释变量滞后一期，重新进行 *OLS* 回归，被解释变量依次为 *SA* 指数衡量的融资约束、*KZ* 指数数值衡量的融资约束和以 *KZ* 指数二分法衡量的融资约束高低虚拟变量，控制变量与上文保持不变，回归结果如表 8-6 所示，根据列（25）、列（26）和列（27）的数据结果可知，民营企业绿色治理滞后一期的 *Green* 与三种方法衡量的融资约束的回归系数均显著，且符号方向均表明民营企业的绿色治理水平越高，企业面临的融资约束越低，证实了假设 4，即民营企业绿色治理一定程度上能缓解上市公司的融资约束。其他控制变量的回归结果如表 8-6 所示，此处不一一赘述。综上，表明本书的实证研究结果相对稳健。

内生性分析：民营企业绿色治理与融资约束 **表 8-6**

变量	（25）	（26）	（27）
	FC_SA	KZ	FC_KZ
L.Green	0.0445* （6.3309）	−0.0166* （−11.5613）	−0.0148*** （−88.1418）

续表

变量	（25）	（26）	（27）
	FC_SA	KZ	FC_KZ
Pollution	−0.2613** （−23.7573）	0.1202 （0.3952）	0.0213 （0.3324）
Law	0.0024 （0.2102）	0.0062 （1.0145）	−0.0042 （−1.0668）
Grow	2.0422 （2.6521）	−2.5555 （−1.1122）	0.1434 （0.1990）
Board	0.1007 （2.1897）	0.0115 （0.3195）	−0.0198 （−1.2086）
Indep	4.6406 （3.9756）	1.5310 （0.9717）	−0.0127 （−0.0305）
Debt	4.9448** （18.8233）	2.6888 （4.6028）	1.1916* （10.6093）
年份	控制	控制	控制
行业	控制	控制	控制
R-sq	0.4833	0.2273	0.2521
N	248	248	248

注：*、**、***分别代表在10%、5%、1%的水平下的显著性。

第九章

民营企业绿色治理的结论与对策

第一节　研究结论

基于包容性的绿色治理观，企业作为绿色治理的关键行动者，需要积极承担绿色治理的重任，平衡好资源环境的可承载性与欲望无穷性之间的关系。本研究聚焦民营上市公司，从相关文献梳理、制度法规汇总、理论基础分析和实证数据检验等方面入手，在李维安[1]所提出的系统的绿色治理概念、南开大学绿色治理准则课题组等[169]发布的《绿色治理准则》和南开大学中国公司治理研究院 2018 年推出的上市公司绿色治理评价体系的基础上，通过手工挖掘社会责任报告的相关文本信息和专家打分法构建民营上市公司绿色治理指数，全面地研究了民营上市公司绿色治理的现状，并从民营企业绿色治理的内部动力机制和外部融资回馈两方面进行了更进一步的分析，本书最终得出以下研究结论。

第一，通过 2015—2017 三个年度的民营上市公司绿色治理的整体评价发现，民营上市公司绿色治理水平整体偏低，还处于起步阶段，在某些绿色治理结构和绿色治理机制的设计上还几乎处于空白阶段，如鲜有民营上市公司在激励与约束机制中纳入绿色相关的要求，出现环保问题的追责和处分的机制设计比例还很小等。另外，从企业绿色治理评价的四个维度来看，民营上市公司绿色治理指数各维度的发展并不均衡，绿色治理责任指数最高，绿色治理机制指数和绿色治理效能指数次之，绿色治理架构指数的平均值最低，表明我国民营上市公司在绿色治理发展中存在一定程度的“倒逼”状况，重外部责任履行而轻内部结构建设，民营上市公司绿色治理只是为了满足外部的监管要求，并没有真正嵌入到企业内部的治理结构中去，这也一定程度上反映了当前民营企业中绿色治理的基本制度存在供给不足，企业缺乏具体的绿色治理标准来统领生产运营等一系列活动。

第二，从民营企业绿色治理的内部动力机制来看，本研究主要分析了民营涉入对企业绿色治理的驱动。2015—2017 年度民营上市公司实证数据结果表明，家族控制有助于提升企业的绿色治理水平，但当实际控制人拥有较强的政治关联时，家族控制对企业绿色治理水平的提升作用得以削弱。稳健性检验中，聚焦重污染行业时，企业绿色治理水平随着家族控制的提高也呈现上升趋势，同时，家族传承也能促进民营企业的绿色治理水平提升，民营企业传承不仅是股权和管理权的传承，也是绿色价值观的传承，但当民营企业处于绩效困境时，一定程度上削弱家族传承对企业绿色治理水平的促进作用。综上所述，家族控制和家族传承均能促进民营企业绿色治理水平的提升，民营企业应合理审慎安排股权和控制权分配问题，做好民营企业传承，提升企业绿色治理。

第三，从民营企业绿色治理的外部回馈效应来看，本研究基于民营企业融资难的现状和绿色信贷的政策背景，选取企业融资这一价值回馈路径来研究。基于民营上市公司绿色治理指数，实证分析表明企业绿色治理能有效缓解民营上市公司的融资约束，尤其表现在绿色治理机制、绿色治理效能和绿色治理责任方面，这与理论推导中绿色治理能通过缓解银企之间的信息不对称，发挥信号传递效应的分析是一致的。同时，当上市公司实际控制人具有金融背景以及上市公司所在地处于金融市场化程度欠发达地区时，民营企业绿色治理缓解融资约束的效应更为强烈。

第四，从不同情境的实证研究分组来看，宏观环境下，区域绿色发展水平越高，家族控制对企业绿色治理水平的促进作用越明显，即宏观的绿色发展环境的提升有利于微观企业绿色治理的内部动力机制的发挥。区域绿色发展水平相对欠发达的地区，民营企业绿色治理更能缓解上市公司的融资约束。微观层面下，不同企业生命周期中，只有当企业处于成长期时，家族控制程度越高，企业的绿色治理水平也越高，同时，民营企业的绿色治理能有效缓解企业的融资约束问题。而在成熟期和衰退期的企业，民营上市公司的绿色治理水平并不受家族控制的影响，且民营上市公司的绿色治理状况也并未能影响到企业的融资约束。

第二节　应对策略

绿色治理是由多治理主体参与的“公共事务性活动”，李维安[1]提出需建立政府顶层推动、企业利益推动、社会参与联动的“三位一体”协同治理机制。企业是绿色治理体系中的执行主体，也是落实绿色治理政策方案的关键点，更是本书研究的重点。对于民营企业尤其是民营上市公司来说，民营上市公司应着重从根本上确立绿色治理架构，在公司文化、愿景中导入绿色价值观，培育绿色文化，确立本企业的绿色发展战略，同时建立本企业自己的环境准则及条款等，强化绿色目标责任考核，把绿色治理贯穿于生产、流通、消费、建设等各领域各环节，在组织与运行方面做好绿色治理，健全节能减排激励约束机制，在人事晋升和薪酬设计上充分纳入绿色因素，并设置环保风险事故追责制度，建立绿色考评，提升民营企业的持续发展能力。同时，提高民营企业绿色创新能力，尤其表现在一系列绿色专利、绿色产品、绿色供应链等应用上。

民营企业应充分发挥其自身优势，利用家族涉入和家族特色的社会情感财富指导民营企业绿色治理实践，利用民营企业慈善基金会等传承绿色治理理念，实现绿色理念的永续传承，实现民营企业的基业长青。同时，民营企业需要建立健全一系列绿色治理机制，迅速应对环境问题，提升绿色治理水平，创新绿色治理手段，履行绿色治理责任，维护各利益相关者的信任关系，从根源上变被动合规为自发治理，引导绿色治理实践，借此形成企业的独特竞争优势，持续为企业创造价值回馈。

此外，区域的绿色发展水平对“双碳”背景下的绿色治理也具有一定的影响。社会应倡导绿色低碳的消费理念，培养绿色消费文化，引导社会公众绿色消费，鼓励消费者购买使用节能节水的产品、环保型汽车和节地型住宅等，倡导公众减少一次性用品的使用，限制过度包装，抑制不合理的消费，顺应绿色发展需要，逐步提高节能节水产品和再生利用产品比重，在有条件的区域可实行绿色消费补贴，推动绿色生活方式和消费模式，促进绿色产业发展。同时应积极鼓励环保社会组织和社会公众参与绿色治理，为绿色环保事业建言献策，保障环保社团的合法权益，绿色环保事项应广泛征询社会大众意见，鼓励社会资本投入绿色产业，推进绿色治理。积极推动第三方开展独立和客观的绿色治理评价，开发多元化的考核评价体系，充分发挥专业机构在绿色治理中的监督、评价、协调、教育、培训以及引导等作用，并加快发展第三方绿色治理、环境管家服务等现代环境服务产业体系，发展环保产业。

第三节　展望未来

本书梳理了当前绿色治理的制度背景，扩展与补充了现有的理论，赋予了经典理论在民营企业绿色治理研究中的新观点，并做出了实证的创新，通过构建企业绿色治理指数完成了对民营企业绿色治理内部动力机制和外部融资回馈的研究，并根据研究结论为政府和企业等提出了相应的政策建议。但同时，由于研究的问题相对复杂，本研究还存在一些不足之处。

首先，研究样本数量相对较少，由于公开数据的可获取性，仅仅关注民营上市公司，且由于需要从企业社会责任报告中获取绿色治理的基本信息，研究样本局限于披露社会责任报告的民营上市公司。民营企业中还存在较多并未上市的中小公司，未来可考虑结合案例访谈和问卷调研等方式展开分析。

其次，在研究方法的选择上也较局限，尤其是关于民营企业绿色治理的衡量，主要是基于现有的企业绿色治理评价体系，家族特色不足，且由于是综合的拟合指标，不可避免地与实证研究中的解释变量或控制变量出现内生性问题，且目前是从社会责任报告中以文本挖掘的方式手动获取基本数据，工作量较大，未来可考虑利用大数据人工智能分析摘录系统打分。

最后，对民营企业绿色治理研究的变量间机制的探究较局限，尽管在不同情境下（如区域绿色发展水平和企业生命周期等层次下）分别讨论了民营企业绿色治理的内部动力机制和外部融资回馈，也加入了如政治关联、内部绩效困境、金融高管、外部金融发展等调节变量，但仍十分有限，并未深度挖掘其中的中介效应等，无法展现民营企业绿色治理的全貌。

结合现有民营企业绿色治理研究的现状与进展，鉴于本研究所存在的局限，未来仍有很大的进步空间，具体可以从以下方面进行改进：

第一，绿色治理的研究尚处于起步阶段，尽管本书针对绿色治理的制度背景、理论基础和实证分析探索了民营企业绿色治理的研究现状、内部动力机制和外部融资回馈，但还有许多不完善的地方，日后的研究可在此基础上拓展研究对象的范围，可在民营上市公司的基础上探索国有控股上市公司绿色治理的状况，两者对比，相信也能获取有价值的结论。

第二，在企业绿色治理指标体系的基础上构建具有家族特色的民营上市公司绿色治理指数，更精准地衡量民营企业的绿色治理水平，同时进一步细化企业绿色治理的相关研究，对企业绿色治理进行分维度分要素研究，同时充分考虑不同的情境化因素，引入不同的中介变量和调节变量，充分考虑内生性问题，尽可能减少不确定性因素的干扰，明确变量之间的相关关系，深化企业绿色治理的研究。

第三，在绿色治理问题的研究上拓展更多的研究方法，本书的民营上市公司绿色治理实证数据多通过挖掘公开途径的社会责任报告等文本的方式获取，下一步可以采用大数据和人工智能抓取数据，同时，可结合实地访谈、案例研究等方法，综合评价企业绿色治理现状，进一步探索企业绿色治理的核心内容。另外，也可采用实验经济学的方法，从实验交互中提取绿色治理的相关动力机制和回馈效应。

第四，以民营企业绿色治理研究为起点，可拓展到更深层次的绿色治理研究。统筹政府、企业、社会组织和公众的协同治理行为，推进绿色治理整体发展，实现绿色价值观的共享，突破国家与国家之间的界限，绿色治理不应该仅仅局限在中国，因为环境对人类社会的威胁是整体性的，全人类都应该承担“共同但有区别的责任”，发达国家和发展中国家一道应对全球环境问题，发达国家可适当为发展中国家的绿色治理提供技术支持和资金援助，同时，中国等发展中国家，也应制定立足全球基于自身的绿色治理准则，在绿色治理国家竞争中掌握一定的话语权。中国要做全球绿色治理的参与者、贡献者和引领者，为构建人类命运共同体贡献中国智慧，最终实现全球绿色治理。

第十章

“双碳”战略的建设路径

第一节　政府的力量

政府作为“双碳”战略的顶层推动者，首先，在绿色治理的制度建设方面，应健全环境保护领域的法律法规、指导性文件和标准体系，同时依法开展企业环境影响评价，严格落实环境保护目标责任制，强化地方的环境监管，加大环境执法力度，健全重大环境事件和污染事故责任追究制度，实行严格的环保准入，建立环保社会监督机制，畅通公众参与渠道，完善环境公益诉讼制度。同时，推动建设全国统一的碳排放交易市场，健全碳排放标准体系，实行重点企业单位碳排放报告、核查和配额管理制度，完善统计核算、评价考核和责任追究制度。

其次，在政策制定方面，政府应完善环境保护科技和经济政策，推进对企业绿色治理的激励约束机制建设，如对绿色治理较好的上市公司给予更多的外部回馈（政策优势、税收减免以及鼓励再融资等），而对于绿色治理相对较差的上市公司，则给予相应的约束，如在信贷、招标、采购等方面均予以限制。政府应提升绿色治理制度供给，完善外部绿色治理制度体系建设，为企业的绿色治理做好制度保障。

另外，在政府的资源供给方面，政府应增加绿色方面的投入，推广政府绿色采购，可采用资源阶梯定价的方式在保障基本需求的基础上控制过度消耗资源的情况。同时，政府可采取绿色财政等宏观调控手段，通过财政杠杆提升企业绿色治理，如税收方面，可征收环保税、碳排放税等，并可考虑将税收收入纳入绿色治理专项基金，对企业的绿色创新改造等实行政府补贴和所得税优惠政策等。政府应帮助企业分担绿色治理成本，为企业提供便利条件，将适度增长的信贷额度转向支持农村、中小企业、节能减排等方面。

同时，可将绿色治理纳入政府发展规划中。地方政府应结合区域自然环境的特点制定适宜的绿色治理方案，构筑尊崇自然、绿色发展的生态体系。大力推进绿色治理制度创新，推动绿色治理实践落地，促进产业结构升级，能源结构优化。加大低碳技术和产品推广应用力度，发展低碳清洁能源。进一步发展循环经济，循环再利用不仅仅局限在企业内部，也包括整个上下游产业链内的大循环。

在“双碳”战略的建设路径上，威海市通过立法引领、政策优化、监管评估、科技创新和公众参与等多个方面综合施策，为绿色低碳发展提供了全方位的保障。

首先，威海市制定了《威海市减污降碳协同增效实施方案》，方案中明确指出：“把实现减污降碳协同增效作为促进经济社会发展全面绿色转型的总抓手，协同推进降碳、减污、扩绿、增长，全面提高环境治理综合效能，实现环境效益、气候效益、经济效益多赢”，为全市的绿色低碳发展提供了明确的法律框架，确保了双碳战略的实施有法可依、有章可循。

同时,《威海市蓝碳经济发展行动方案(2021—2025年)》进一步细化了蓝碳经济的发展方向。方案中强调:“要加强陆海统筹,促进海洋产业生态化,推动海洋碳汇能力的提升。”这有助于威海市在海洋领域实现低碳发展,为双碳战略贡献蓝色力量。

其次,威海市通过了《威海市深化新旧动能转换推动绿色低碳高质量发展三年行动计划(2023—2025年)》,指出:“要优化产业结构,发展绿色产业,推广清洁能源,加强能源管理”,明确了绿色低碳转型的具体路径。此外,《威海市绿色工厂评价办法》旨在推动绿色产业的发展壮大,加快构建威海市绿色制造体系,引导企业向绿色发展转型升级;《关于印发山东省贯彻落实〈“十四五”全国清洁生产推行方案〉的若干措施的通知》鼓励清洁能源的广泛应用,为低碳发展提供了能源保障。

在监管和评估方面,威海市发布了《威海市“十四五”生态环境保护规划》,指出“建立环境权益交易市场。深入推进资源要素市场化改革,有序推进碳排放交易。加快建立合同能源管理、合同节水管理、节能低碳产品和有机产品认证、能效标识管理等制度,探索合同环境管理。积极参与全国碳排放权交易市场建设”,加强了碳排放的监测和核查工作,建立了碳排放的总量控制制度,推动了碳排放权交易市场的建设。

科技创新是推动低碳发展的关键。威海市注重科技创新在双碳战略中的作用,制定《威海市节约能源办法》,办法中明确指出“鼓励用能单位采用新技术、新工艺、新设备、新材料,进行节能技术改造。鼓励和支持企业、科研机构、高等院校等单位和个人研究开发新能源、可再生能源和清洁能源,形成具有自主知识产权的开发成果,多渠道开展国际、国内节能信息和技术交流。”威海市还积极引进和培养低碳技术人才,为低碳发展提供人才保障。

此外,威海市还倡导公众参与双碳战略实施,发布《威海市交通运输行业2020年节能宣传周和低碳日活动方案》,指出:“积极推行绿色交通,倡导低碳生活。养成厉行节约的良好习惯,提高对节能重要性的认识,逐步形成健康文明、节约能源资源的消费方式和生活方式。”,鼓励公众采取绿色低碳的生活方式。同时,威海市还开展了一系列绿色公益活动,如“绿色出行日”“低碳生活周”等,营造绿色低碳的社会氛围。

正如威海市人民政府在《威海市政府公报信息汇总》中所强调的:“我们要坚定不移地推动绿色低碳发展,为实现碳达峰和碳中和的目标奠定坚实基础。”威海市将继续努力,为建设美丽中国贡献自己的力量。

第二节　企业的实践

“双碳”背景下的绿色治理,企业是主体,本书以威海市企业为例,主要选取六家代表性的上市公司进行调查分析。

一、威高集团

威高集团始建于1988年，以医疗器械和药业为主业，目前已经形成拥有医用制品、血液净化、骨科、生物科技、药业、心内耗材、医疗商业、房地产、金融九大产业的集团公司。集团控股子公司山东威高集团医用高分子制品股份有限公司于2004年上市。集团曾荣获中国工业大奖、全国自主创新示范单位、全国助残先进集体、全国医药工业百强、中国企业500强、中国民营企业500强、山东省百强企业等荣誉称号。威高集团积极响应国家保护环境、可持续发展的号召，从企业各方面践行节能环保和创新模式，提倡绿色产品、绿色消费等理念，为行业树立“绿色”标杆形象，不断促进可持续发展。

（1）绿色理念

企业管理理论经历了从“追求数量”到“追求质量”再到“追求服务”的转变，而随着经济和社会生产力的发展，人们越来越重视生存环境，这也将导致企业管理再由“服务”转向“绿色运营”[183]。威高在企业战略管理中尤其注重可持续发展，2019年12月1日，威高控股公司召开了可持续发展战略研讨会，全公司中高层领导干部出席会议。在会议中，董事局主席陈学利阐述了推动可持续发展遇到的重大问题，强调领导干部必须善于创新，全力提高威高的可持续发展能力，提升核心竞争力，推动威高发展，打造享誉世界的品牌。

（2）绿色商场

我国商业地产具有存量规模大、发展速度快的特点[184]，为了贯彻“绿色、协调、开放、共享”的发展理念，威高提出绿色商场的概念，绿色商场是指基于环保健康绿色等理念，实现节能减排、绿色产品销售和废弃物回收三位一体的实体零售企业。2016年商务部开展“绿色商场创建示范项目”评选活动，旨在引导企业按照绿色商场标准，推行节能环保技术和产品，宣传绿色消费理念，贯彻落实十八届五中全会提出的“绿色”理念，威高集团旗下威高购物中心获此殊荣。威高购物中心成立以来，尽最大努力为消费者提供绿色、安全、放心的消费活动场所。在废物处理方面，与威海环卫处合作，率先施行垃圾分类处理；在能源管理方面，充分利用“屋顶自然采光”“室内自然通风”等环保技术手段，提高了资源使用效率；在供应链建设上，筛选环保节能的商品、减少过度包装，形成绿色供应链系统；在设计上，建筑采用可再生材料，屋顶绿化设计营造美丽城市景观。威高地产集团副总经理林燕表示，环保是一项持续的任务，威高集团将会坚持不懈地做下去。

（3）绿色生产

威高在生产中注重环境保护，在2015年环境管理体系认证审核中噪声、大气、排水的检测结果均大大优于排放标准，取得了《环境管理体系认证证书》。威高初村工业园建设项目均通过环境影响评价及许可，公司在生产过程中对环境的影响较小，生产区域绝大部分为净化车间，基本属于清洁生产的范围。随着国家节能环保政策的相继提出，天然气蒸汽锅炉逐渐替代传统的燃煤工业锅炉。威高积极响应国家政策，威高临港工业园区全面实施了能源替代项目，引进天然气锅炉及辐射采暖设备，园区生产、生活所用能源全部由天然气替代蒸汽，更加节能环保。除供暖外，集团动力中心也全面改进了制冷系统，通过添置高温发生器、更换冷却水泵等措施降低能源消耗，推进企业的可持续发展。目前，系统稳定，已在保证夏季供冷的同时，达到了节能环保的效果。公司将陆续在全集团范围内推行绿色能源生产，降低能源消耗，为节能环保减排做出应有的贡献。

（4）绿色责任

威高集团从镇办福利厂起家，建厂至今一直树立着“良心、诚心、忠心”的核心价值观，秉承“偕同白衣使者，开创健康未来”的使命，积极承担社会责任，履行企业社会责任。企业成立至今，曾开展捐资扶贫、助学助教助医等多项公益活动。对于绿色责任，威高集团也未曾忽视。自 2017 年以来公司每年进行公益植树活动，通过自身实际行动号召更多的人参与到城市绿化建设中来，为城市的发展尽己所能；公司多辆班车上贴上“绿水青山就是金山银山，保护环境就是保护生命”的标语，传播环保绿色生活理念；组织员工集体学习《公民生态环境行为规范》营造企业绿色环保文化氛围；开展“绿色清明 文明祭祀”主题活动，让大家在怀念先人的同时，不忘文明环保；举办员工骑行活动，倡导低碳出行、节能减排的生活理念。

二、威海广泰

威海广泰空港设备股份有限公司创办于 1991 年，于 2007 年 1 月在深圳证券交易所上市，主营产业包括空港地面设备、消防装备、消防报警设备、特种车辆、无人飞行器等，是集消防装备、消防报警设备、工业级智能无人飞行器研发、制造与服务于一体的多元化上市公司。从国内首家空港地面设备研发制造企业，到如今多元化产业蓬勃发展，威海广泰始终秉承强烈的民族责任感和使命感，大力发展绿色产业，助力民族装备制造业实现从“中国制造”到“中国创造”的飞跃。

（1）绿色运营

威海广泰积极响应国家生态环境建设的号召，根据企业“依据法规、技能减排、全员参与、持续改进”的环境方针，投入大量资金完善企业运营中的环境保护工作。公司制定了突发环境事件应急预案，并定期进行培训演练。在厂区建设上，公司按照环保法规的规定，对生产厂区进行改造。针对废气污染问题，公司设置了 15 米高排气筒、干式过滤装置、烟尘净化机等设备，自建污水处理站，解决了生产和办公废水处理问题。公司建设项目均验收达到国家标准，通过环境管理体系认证。

（2）绿色生产

中国《能源发展“十二五”规划》中将发展新能源汽车列入七大战略性新兴产业之中。

威海广泰作为我国空港地面设备的龙头企业，引领行业的发展，随着环保问题日趋严重，减少碳排放、建设绿色航空港成为空港建设的大趋势。2008 年，威海广泰已确定“机场航空地面设备电动化、机场能源绿色化”研究方向[185]。公司依靠自身创新能力，将新能源技术应用到机场地面特种车辆上，研发了电动牵引车、电动摆渡车等机场车辆，形成了完整成熟的绿色空港一揽子解决方案，为机场节能减排开辟新局面。发展新能源汽车，要以城市公交车辆为重点，以点带面，稳步推进新能源汽车的示范与商业化。由于公司具有电源车和电源控制的技术优势，威海广泰在机场地面装备系统的电动化的基础上开发出纯电动城市客车，该车采用磷酸铁锂电池纯电动驱动模式，具有绿色环保的特点，适用于大中城市的公共交通，也可作为大型会场及绿色示范交通。公司目前已与精进电动科技股份有限公司签署战略合作协议，将共同开拓新能源车辆和装备市场，实现节能环保事业的发展。

（3）绿色责任

对于企业的社会责任，张士元等[186]将其定义为：企业为了经济和社会的发展，在满足股东利益的同时，也代表其他社会关系人履行某些社会义务。企业承担绿色环保责任自然属于义务之一，威海广泰大力宣传绿色产业，组织召开“民航节能减排政策、标准及技术研讨会”、参加“空港地面设备电动化技术论坛”、出席“新能源车辆技术研讨会”等会议，向行业分享“绿色经验”，助力民航绿色产业发展。为美化厂区环境，提高威海空气质量，公司定期举办员工义务植树活动，用实际行动助力威海落实“双碳”行动。

三、家家悦集团

家家悦集团股份有限公司是一家专注于超市连锁、物流配送的连锁企业集团，从 1995 成立第一家店到如今形成全供应链、多业态的综合性零售渠道商，始终坚持“顾客的需求就是我们追求的目标”的价值观。曾先后获得“中国商业服务名牌”“农业产业化国家重点龙头企业”“全国文明单位”等荣誉称号。2016 年 12 月 13 日，公司在上海证券交易所主板上市。长期以来，家家悦积极响应国家节能减排绿色发展的号召，打造新型节能低碳门店，为消费者提供绿色购物环境和体验，助力威海市实现降碳、减污、扩绿、增长的新目标。

（1）绿色运营

2018 年 6 月 8 日，由世界自然基金会和中国连锁经营协会主办的“新消费论坛——2018 中国绿色消费年会”在北京召开，2018 年也是中国可持续消费圆桌（CSCR）成立的第五年。圆桌的成立旨在引导成员企业践行节能低碳的运营方式，帮助消费者树立绿色、可持续的消费理念。在此次大会上，家家悦 SPAR 通诚店荣获“低碳示范商店奖”，家家悦集团副总经理傅元惠获得卓越女性贡献奖。长期以来，家家悦集团积极响应国家节能减排绿色发展的号召，认真完成可持续消费圆桌“可持续供应链、可持续营运、可持续消费”三项任务。公司领导班子始终致力于建设可持续消费的发展模式，呼吁各门店减少用水用电量，坚持采用节能环保材料，为消费者营造绿色环保的购物环境；倡导绿色购物，推广使用环保购物袋，引导消费者树立绿色消费理念。家家悦在实现企业自身发展的同时，也为顾客创造了更多的价值。今后，家家悦定会提出更多环保、高效的措施，推动零售业绿色转型，促进行业和社会的可持续发展。

（2）绿色供应链

零售商作为供应链终端，在推动节能减排问题上处于一个非常重要的位置[187]。家家悦注重构建绿色供应链体系，从基地源头采购，建立了绿色出口蔬菜基地、绿色工业园，为消费者打造绿色、健康、安全的消费环境。而对于整个供应链来说，物流运输具有能源消耗大、碳排放量大的特点[188]，在推动节能减排与绿色发展上有巨大潜力。家家悦集团在发展物流过程中，全面推进绿色仓储设施标准与规范应用，其物流系统已经发展成为多功能、集约化、低成本、绿色环保的商品供应枢纽。家家悦加强企业物流信息化建设，将威海全部冷链车辆、冷库资源整合到公共物流信息服务平台上，通过物流共享，提高了物流车辆、仓库的利用效率，有效地减小了威海能源使用量，推动了物流业节能减排的进行。在 2017 年第四届“中国（国际）绿色仓储与配送大会”中，家家悦集团的“威海市冷链物流公共服务信息平台项目”荣获中国绿色仓储与配送优秀案例奖。

（3）绿色整治

家家悦全资子公司山东荣光实业有限公司被列入“2018 年威海市重点排污单位名录”，为集中治理这一类环境污染问题，公司投入大量资金进行污染整治。建立了污水处理站 1 座，经荣成市环境保护监测站检测，该设备处理后水质稳定、达到排放标准。制定了《山东荣光实业有限公司环境自行监测方案》，在污水排放口设置检测仪，实时监控排放水污染指标。公司重新修订《突发环境事件应急预案》，进一步明确了突发环境事件应急措施，并在日常运营中定期按预案要求开展应急演练，做好环境整治。

（4）绿色责任

家家悦作为首批“威海市老字号”企业，一直秉承“社会责任创造价值”的理念，充分发挥其采购、加工、配送等优势，围绕“保障市场供应、稳定市场价格、促进食品安全、推动绿色环保”四个公益功能，积极承担社会责任，促进经济和社会绿色和谐发展。家家悦集团入选全国首批公益性农产品示范市场名单，是山东省唯一一家入选的零售企业。家家悦集团自成立以来，始终心系绿色公益，倡导“绿色生活”，从 2015 年开始已经连续举办五届大型植树公益活动。活动自举办起就引发了广大威海市民的广泛响应，数万人参与其中，累计植树面积超 200 亩，累计植树总量达 3.5 万棵，为全市营造植绿、爱绿、护绿的良好风尚起到了积极的推进作用。除绿色植树活动外，家家悦还相继推出了“跑步捡拾”全民健步走、绿色广场舞等绿色公益性文体娱乐活动。这些活动在锻炼身体、丰富市民文化生活的同时，也向大家宣传了健康环保的生活方式，是家家悦“追求绿色健康消费、提升都市生活品质”理念的进一步体现。

四、三角轮胎

三角轮胎股份有限公司不仅是中国轮胎行业科技创新的领跑者，还是行业低碳及绿色发展的倡导者和先行者。三角集团成立于 1976 年，当时是一家轮胎厂。如今，三角集团轮胎品种齐全，包含轿车和轻卡子午胎等六种轮胎。三角轮胎贯彻引领绿色制造的理念，绿色制造一直是三角轮胎的基本标准。长期以来，三角轮胎坚持清洁生产，注重绿色设计，积极开创“低碳经济、绿色制造”的生产新模式。

（1）绿色理念

三角集团董事长丁玉华认为：制造企业应该是生态环保理念的实践者，是绿色发展的排头兵。制造企业不仅带来了经济增长，还承担着环境和生态责任。作为管理层，必须协调好发展、能源、环境和生态之间的联系。促进人与自然的和谐发展。三角轮胎始终坚持“环境与经济责任相结合，进行洁净生产，尽量节省资源，发展循环经济，提高环境质量，建设生态家园”的发展方针。除此之外，其对环境的基本理念是：爱护地球生态，实施绿色生态建设，节省资源与能源。因此，制定发展战略时，保护环境一直是首要影响因素。基于以上方针与理念，三角集团努力追求技术创新，实施低碳生产，成功地开创了“低碳和绿色”的新模式。三角集团在产品、制造、供应链、消费四方面均建立了绿色的新产业方式，生产出了耗油量低、噪声低、安全性能高的绿色轮胎，开创了轮胎产业新的生产模式。并且三角集团承诺以下五点：遵守环保法律法规，致力于节省能源，保护地球环境；规划实施科学合理的环保管理规范，坚持定期审核环境指标，认真实施和持续改进污染防治工作；对于三废排放、噪声污染，积极采用合理措施来减少废弃物排放，并处置好废弃物；生产原料、生产设施和生产技术均尽量环保；为尽可能减少资源、能源浪费，号召全体员工开展了广泛的节能减排活动。除此之外，三角集团通过教育和培训向全体员工推广绿色质量政策，提高他们的环境意识和技能。

（2）绿色生产

通过建立低碳产业基地，三角集团实现了清洁生产的理念与在产品市场上建立绿色协同效应的目标。作为中国轮胎领先单位，一直以来，三角集团在轮胎生产标准方面坚持符合国际标准的原则。三角集团先后参与了 35 项国家轮胎标准的制定工作，通过相关水平的标准，轮胎制造技术水平不断提高，轮胎行业开发和环保水平得到了不断提高。早在 2008 年，三角轮胎建设新工厂时，三角轮胎就把绿色、低碳作为统领工厂建设的关键指标。公司在原材料选择、设计、制造、物流、使用、废弃物处理过程中，高度重视轮胎产品对环境的影响，积极改进绿色制品和绿色生产相关工作。2011 年，三角集团为了节能减排、加快工艺和制品升级，彻底关停一条已建30余年的轮胎生产线，重新构建性能高、新技术含量高、额外价值高的卡客车子午胎生产线，这条新生产线可以节省15%以上的能源。在国内轮胎行业，三角轮胎是第一家彻底告别斜交胎的公司。除此之外，公司还建设了高技术、低碳排放的产品线，开发了冰雪轮胎、商业专用轮胎等耐蚀轮胎以及乘用车省油制品。2013年以来，三角集团共投资5500万元，用于推广节约能源的全新生产工艺、新型设施，以改善环境。公司尽量使用新洁净资源，在生产过程中采用机器人制造和条码技术，实现了集生产、测试、物流于一体的集中信息管理，为绿色生产基地的运行开辟了新的途径。集团开发的工程子午轮胎、工程子午巨型轮胎、商用车轮胎，均采用低噪声、低滚动阻力、抵抗磨损标准，而客车轮胎制品，也都以节能降耗为首要目标。长期以来，能源节约效应一直是三角集团投资开发的绿灯项目。

（3）绿色效能

三角轮胎建立了其专有三角工业园区，工厂的主旋律是绿色生产，高效制造。目前，三角园区达到了300万套高性能卡车和客车子午线轮胎的生产规模。在工业园区的修建过程中，三角轮胎使用的新技术和新工艺均为轮胎行业的领先技术。其中，一个发电项目采用了太阳能光伏发电，明显地节约了大量能源，被选为国家“金太阳”工程表彰项目。此外，三角轮胎采用炼胶新工艺，该项工艺获得国家发明专利，通过工艺更新，轮胎生产效率增长超过10%，能源节约超过30%，轮胎性能增长超过15%。且园区内生产的轮胎均为无内胎轮胎，其耗油、湿地抓地力和噪声指标均符合欧盟新标准。2006—2010年，三角轮胎每年均在节能技术改进方面投入大量资金，其累计能耗指标下降了17.5%。其中，用热指标下降18.4%，节约蒸汽12.3万吨；用电指标降幅为7.5%，节约用电1455万千瓦时；节约用水27.6%，节省量达145万吨。2010年，轮胎综合能耗指标达到了869公斤标准煤/吨，比上年下降5.15%，节约能源折算标准煤10623吨，超出了每年节约2900吨标准煤的节能目标。

（4）绿色荣誉

2014年，在中国石油科学技术奖评比中，三角集团“TRS和TRD系列化花纹绿色高性能商用车轮胎开发”项目由于可行性与科学性高，获得了科学技术进步三等奖。2018年，在工业和信息化部评选出的第三批绿色制造名单中，三角轮胎等13种轮胎产品被列为绿色设计产品。2019年，工业和信息化部发布第一批工业产品绿色设计示范企业名单，三角轮胎成为轮胎行业唯一入选企业。

五、新北洋

山东新北洋信息技术股份有限公司以自主掌握的智能设备领域核心技术为基础，致力于革新各行各业的信息化、自动化制品和方案，构成了从智能设备核心基础零部件到整机、从系统整合到形成终端的产品系列，包括智慧金融、智能物流、智能零售、传统智能终端四大类业务。新北洋遵循各项环保法律法规，通过技术创新和管理，不仅确保为客户提供优质产品，而且为环境的可持续发展不断努力。

（1）绿色理念

新北洋希望在自身节能减排的同时，促进整个社会节能环保，打造“绿色产品、绿色企业、绿色世界”。据新北洋副总经理兼金融事业部总经理陈大相介绍：低碳节能不仅是一种潮流，也是企业应有的责任。节能环保不仅要从产品考量，更是绿色管理体系每一个细节的落实。作为一家具有强烈社会责任感的企业，新北洋将在产品规划开发、供应链控制、客户服务的全程践行绿色环保理念。在产品服务和经营活动中，新北洋充分考虑环保的要求，将绿色环保理念和技术融入整个生命周期，不断推动产品环境性能的提高，降低生产运营中的环境负荷。

（2）绿色生产

新北洋多年来本着环境是资本的原则，贯穿产品生命周期绿色策划观念于产品形成的全过程，从绿色供应链建立到无铅产品制造和检验，陆续建立了完善的有害物质管理和控制体系。公司建设的环境管理体系贯穿计划开发、供应链控制和顾客服务，通过了 ISO 14001 环境管理体系、IEC QC080000 有害物质过程管理体系认证，有效地控制和减少了电子信息产品中有害物后的污染及其他公害的产生。新北洋将节能环保作为产品设计理念之一，将绿色元素融入产品设计中，积极推动绿色创新技术在各类产品中的应用，为用户提供“环保”“高效”的绿色智能产品和解决方案。开发了国内首款智能、绿色的双面热敏收据打印机-BTP-R990。此外，开发的自助填表体系免除了客户填写表单、柜员联网核查、表单录入的繁杂进程，避免了因客户填写错误或不清造成纸制表单浪费的问题，提高银行办事效率的同时，减少了纸张等物品的浪费，达到了低碳环保、节约资源的目的。除此之外，新北洋诸多产品均体现了绿色环保、高效便捷理念设计，如身份证卡专用复印机、双面热敏打印机、宽幅热转印标识打印机等。

（3）绿色责任

节能环保是企业的责任，新北洋凭借 20 余年强大的创新能力，建立健全了包括绿色采购、绿色生产、绿色销售的绿色管理体系，迅速为客户提供优质的产品以满足客户的多样化需求，实现经济、社会、环境效益的协调统一。公司在产业园安装了屋顶太阳能光伏发电站。电站建设总规模 1299.2 千瓦，光电安装面积约 9727 平方米，年发电量 142 万度。每年可节省标准煤 500.65 吨、减排二氧化硫 55.51 吨、二氧化碳 1438.2 吨、氮氧化物 3.297吨。

六、好当家

山东好当家海洋发展股份有限公司，已成为集水生生物养殖、食品生产、沿海生物制药、远洋捕捞、沿海旅游等产业在内的大型集团企业，实现了集渔业、工业贸易、生产、教育、研究于一体的综合管理模式。40 年来，该公司始终坚持“依托蓝色资源，打造绿色产业”的核心理念，坚守发展海洋产业、保障安全健康、发展海洋经济的企业宗旨，致力于实现企业、社会、自然的健康和谐发展，将生态养殖、航海捕捞、食品生产、海洋医药保健品研发、滨海旅游等产业有效结合，创造出了一条新型产业整合的发展之路。

（1）绿色理念

好当家以“生产绿色食品，保障安全健康，发展海洋经济”为己任，以“建设优等企业，制造优等产品，创造一流效益”为发展思路。好当家董事长唐传勤说：“多年来，公司始终把发展绿色食品产业、提高产品质量安全水平作为提升产业结构的重点，将绿色和天然作为产品突出于其他产品的优势。”好当家承诺：公司始终坚持爱护生态环境并坚持健康和可持续发展的理念。生产出的所有产品均是有机的，可以控制和追溯，且每件产品均通过国家权威部门和市场的双重检验。

（2）绿色产品

在“大海洋，大健康”的理念指导下，好当家不断投入研发资金、强化研发平台，在养殖方面，建设了 5 万亩围海养殖基地，21 万亩深海养殖基地和 40 万平方米水产育苗基地，养殖的全部海参都是绿色无公害的。好当家始终坚持创造绿色 GDP 的原则，发展有机农业生产体系，完全不用或基本不用人工合成的化肥、农药、生产调节剂和饲料添加剂，利用生态系统内动物、植物、微生物和土壤四种生产要素的合理循环，以达到不破坏自然界循环的目标，为消费者带来纯生态、无污染、健康且有营养的产品。好当家良好的水产养殖基地的水体交换技术采用了潮汐原理，产业结构合理有效，苗种疏密程度科学。所有养殖物种都使用天然诱饵（例如浮游生物和底栖硅藻），且良好的海洋生态环境，使公司实现了海珍品的绿色无公害水产养殖。好当家现已成为国家水产养殖示范单位和山东省著名优秀的新型水产养殖示范基地。中国绿色食品协会专家组赴好当家公司视察，好当家食品产业的发展得到专家的一致认可和好评。夏文义会长认为好当家绿色食品产业发展的情况很好，资源丰富、产品定位合理、管理体系健全、行业地位突出，是值得食品企业学习的榜样，并建议公司进一步强化绿色农业建设各项工作，逐步在科技含量，带动经济、生态和社会效益等方面实现全面提升，继续在绿色食品生产方面做出更大的贡献。

第三节　政策建议

绿色治理是由多治理主体参与的“公共事务性活动”，李维安[1]提出需建立政府顶层推动、企业利益推动、社会参与联动的“三位一体”协同治理机制，因此本研究基于“双碳”战略下的绿色治理分析得出的研究结论，结合中国的制度背景与发展现状，从政府、企业和社会三个层面为“双碳”战略下的绿色治理提出相应的政策和建议，以期提高绿色治理整体水平，形成人与自然和谐发展的新局面，落实“双碳”行动，建设美丽中国。

政府应坚持绿色治理，坚定走生产发展、生活富裕、生态良好的文明发展道路。宏观方面要强化绿色治理的顶层设计、政策制定和统筹指导，微观层面要推动好绿色治理各项政策和法规的落实，充分调动企业的绿色治理积极性，推动经济高质量发展，不能放松生态保护的“红线”，不能以牺牲生态环境的代价换取经济的高速发展，需不断满足人民日益增长的优美生态环境需要，提升绿色治理水平。在政府自身的治理方面，也应践行绿色治理理念，打造“绿色政府”，将能耗和环保纳入政府官员政绩考核体系中，实行绿色政绩考核，切实落实地方政府的绿色责任，开展环保督察巡视，建立绿色目标责任制和绿色评价考核机制，开展离任官员环保审计等，为社会各界做出表率，发挥带头效应。政府应由行政主导型政府向社会服务型政府转型，推动建立合作共赢的绿色治理体系，积极参与全球绿色治理谈判，掌握绿色治理话语权。

企业是落实“双碳”行动的主体，也是绿色治理体系中的关键执行者。企业应从根本上以绿色治理准则为依据，建立包含内外部双重绿色治理机制的绿色治理体系，其中内部治理方面应充分赋予董事会绿色治理的决策权和监督权，并形成董事会负责制，引进环保背景的独立董事，设置董事会绿色治理专业委员会等，提高董事会成员的绿色价值观，增强生态环保意识，提高对环境资源的宏观调控能力，培养绿色战略眼光，从源头上做好环保监督工作。同时管理层应坚决执行董事会绿色治理方面的决策，落实好环境风险管理等的制度要求，定期召开绿色工作会议。外部治理（如信息披露）方面，企业应在绿色治理框架下，定期披露绿色治理各维度的基本状况以及相关决策和活动对社会和环境的影响。推进绿色会计制度，建立企业环境信用记录和违法排污黑名单制度，强化企业污染物排放自行监测等。

此外，应加强区域间合作交流，建立区域绿色治理联盟，学习绿色发展较好地区的先进管理经验和前沿实践方法，同时加强与国际组织的交流，开展政府、企业和社会组织等多维互动，提高我国整体绿色治理水平。统筹政府、企业、社会组织和公众的协同治理行为，推进绿色治理整体发展，实现绿色价值观的共享，突破国与国之间的界限，绿色治理不应该仅仅局限在中国，因为环境对人类社会的威胁是整体性的，全人类都应该承担“共同但有区别的责任”，发达国家和发展中国家一道应对全球环境问题，发达国家可适当为发展中国家的绿色治理提供技术支持和资金援助，同时，中国等发展中国家，也应制定立足全球基于自身的绿色治理准则，在国家绿色治理竞争中掌握一定的话语权。中国要当全球绿色治理的参与者、贡献者和引领者，为构建人类命运共同体贡献中国智慧，最终实现全球绿色治理。

总之，需基于自然环境可承载性，用绿色价值观引导企业落实“双碳”行动，共建美丽中国。

参考文献

[1] 李维安. 绿色治理: 超越国别的治理观[J]. 南开管理评论, 2016(6): 1.

[2] 聚焦“双碳”目标助力绿色发展之路-中国工程院院士、中国科学院大连化学物理研究所所长刘中民助力能源安全纪实[J]. 中国产经, 2023, (15): 74-83.

[3] 胡鞍钢, 周绍杰. 绿色发展: 功能界定、机制分析与发展战略[J]. 中国人口·资源与环境, 2014, 24(01): 14-20.

[4] 李维安, 郝臣. 绿色治理: 企业社会责任新思路[J]. 董事会, 2017(8): 36-37.

[5] 国务院. 国务院关于印发《中国制造 2025》的通知[EB/OL]. (2015-05-19)[2024-06-19].https://www.gov.cn/zhengce/content/2015-05/19/content_9784.htm.

[6] 工业和信息化部. 工业和信息化部关于印发《工业绿色发展规划(2016—2020年)》的通知[EB/OL]. (2016-07-18)[2024-06-19].https://wap.miit.gov.cn/zwgk/zcwj/wjfb/zh/art/2020/art_5f9aec0cd5584b37999c837cfa10a411.html.

[7] 工业和信息化部.《绿色工厂评价通则》国家标准正式发布[EB/OL]. (2018-05-18)[2024-06-19]. https://wap.miit.gov.cn/jgsj/jns/lszz/art/2020/art_8822a3e59a16454681742675d184323e.html.

[8] 中国证券监督管理委员会.《上市公司治理准则》(证监会公告〔2018〕29号)[EB/OL]. (2018-09-30)[2023-11-01].http://www.csrc.gov.cn/csrc/c101864/c1024585/content.shtml.

[9] 李传印, 陈得媛. 环境意识与中国古代文明的可持续发展[J]. 学术研究, 2007(12): 105-109.

[10] STERN P C, DIETZ T, ABEL T, et al. A Value-Belief-Norm Theory of Support for Social Movements: The Case of Environmentalism[J]. Human Ecology Review, 1999, 6(2): 81-97.

[11] 杨通进. 环境伦理学的基本理念[J]. 道德与文明, 2000(01): 6-10.

[12] 胡珺, 宋献中, 王红建. 非正式制度、家乡认同与企业环境治理[J]. 管理世界, 2017(3): 76-94.

[13] 厉以宁, 朱善利, 罗来军, 等. 低碳发展作为宏观经济目标的理论探讨——基于中国情形[J]. 管理世界, 2017, (06): 1-8.

[14] 李维安.国际经验与企业实践——制定适合国情的中国公司治理原则[J]. 南开管理评论, 2001, (1): 4-8.

[15] 钭晓东, 黄秀蓉. 民营企业绿色发展战略研究[J]. 改革与战略, 2006, (01): 42-44.

[16] DAVIES L E, NORTH D C. Institutional change and American economic growth: A first step toward a theory of institutional innovation[M]. New York: Cambridge University Press, 1971.

[17] NORTH, D C. Structure and Change in Economic History. New York and London: W. W. Norton & Co., 1981.

[18] DIRK, MATTEN, ANDREW, et al. Behind the Mask: Revealing the True Face of Corporate Citizenship[J]. Journal of Business Ethics, 2003.

[19] LOGSDON J M, WOOD D J. Business citizenship[J]. Business Ethics Quarterly, 2002, 12(2): 155-187.

[20] 周中胜, 何德旭, 李正. 制度环境与企业社会责任履行: 来自中国上市公司的经验证据[J]. 中国软科学, 2012, (10): 59-68.

[21] MEYER J W, ROWAN B. Institutionalized organizations: Formal structure as myth and ceremony[J]. American Journal of Sociology, 1977, 83: 340-363.

[22] 胡鞍钢, 鄢一龙, 王磊, 等.“十二五” 规划总体思路与指导方针[C]//中国科学院——清华大学国情研究中心. 国情报告（第十二卷 2009 年（下））. 北京: 党建读物出版社, 2012: 28.

[23] SHEA H. Family Firms: Controversies over corporate governance, performance, and management[C]. Working Paper, 2006.

[24] [美]小艾尔弗雷德·D·钱德勒. 看得见的手——美国企业的管理革命[M]. 北京: 商务印书馆, 1987.

[25] 叶银华. 家族控股集团、核心企业与报酬互动之研究——台湾与香港证券市场之比较[J]. 管理评论, 1998, 15(2).

[26] CLAESSENS S, DJANKOV S, LANG L H P. The separation of ownership and control in East Asian Corporations[J]. Journal of Financial Economics, 2000, 58(1-2): 81-112.

[27] 刘白璐, 吕长江. 基于长期价值导向的并购行为研究——以我国家族企业为证据[J]. 会计研究, 2018(6): 47-53.

[28] 陈凌, 陈华丽. 家族涉入、社会情感财富与企业慈善捐赠行为——基于全国私营企业调查的实证研究[J]. 管理世界, 2014(8): 90-101+188.

[29] ANDERSON R C, REEB D M. Founding-family ownership and firm performance: Evidence from the S&P 500[J]. The Journal of Finance, 2003, 58: 1301-1328.

[30] 李新春, 杨学儒, 姜岳新, 等. 内部人所有权与企业价值——对中国民营上市公司的研究[J]. 经济研究, 2008, 43(11): 27-39.

[31] CHUA J H, CHRISMAN J J, SHARMA P. Defining the Family Business by Behavior[J]. Entrepreneurship: Theory and Practice, 1999, 23(4): 19-39.

[32] 杨学儒, 李新春. 家族涉入指数的构建与测量研究[J]. 中国工业经济, 2009(05): 97-107.

[33] ZELLWEGER T M, NASON R S, NORDQVIST M, et al. Why Do Family Firms Strive for Nonfinancial Goals? An Organizational Identity Perspective[J]. Entrepreneurship Theory and Practice, 2013, 37(2): 229-248.

[34] BINGHAM B J, DYER G W, SMITH I, et al. A Stakeholder Identity Orientation Approach to Corporate Social Performance in Family Firms[J]. Journal of Business Ethics, 2011, 99(4): 565-585.

[35] GÓMEZ-MEJÍA L R, MOYANO-FUENTES J. Socioemotional Wealth and Business Risks in Family-controlled Firms: Evidence from Spanish Olive Oil Mills[J]. Administrative Science Quarterly, 2007, 52(1): 106-137.

[36] 窦军生，张玲丽，王宁. 社会情感财富框架的理论溯源与应用前沿追踪——基于家族企业研究视角[J]. 外国经济与管理, 2014(12): 64-71.

[37] FITZGERALD M A, HAYNES G W, SCHRANK H L, et al. Socially responsible processes of small family business owners: exploratory evidence from the national family business survey[J]. Small Bus. Manag. 2010, 48(4): 524-551.

[38] SHARMA P, CHRISMAN J J, GERSICK K E. 25 years of family business review: Reflections on the past and perspectives for the future[J]. Family Business Review, 2012, 25(1): 5-15.

[39] AJZEN I. The theory of planned behavior[J]. Organizational Behavior and Human Decision Processes, 1991, 50(2): 179-211.

[40] BERRONE P, CRUZ C, GOMEZ-MEJIA L R, et al. Socioemotional Wealth and Corporate Responses to Institutional Pressures: Do Family-Controlled Firms Pollute Less?[J]. Administrative Science Quarterly, 2010, 55(1): 82-113.

[41] MARQUES P, PRESAS P, SIMON A. The heterogeneity of family firms in CSR engagement: The role of values[J]. Family Business Review, 2014, 27(3): 206-227.

[42] PATRICIA S, SÁNCHEZ-MEDINA, DÍAZ-PICHARDO, et al. Environmental pressure and quality practices in artisanal family businesses: The mediator role of environmental values[J]. Journal of Cleaner Production, 2017(2), 143: 145-158.

[43] 疏礼兵. 基于需要满足的民营企业社会责任行为动机研究[J]. 软科学, 2012, 26(08): 118-122.

[44] 李四海，李晓龙，宋献中. 产权性质、市场竞争与企业社会责任行为——基于政治寻租视角的分析[J]. 中国人口·资源与环境, 2015, 25(01): 162-169.

[45] 陈志军，闵亦杰. 家族控制与企业社会责任:基于社会情感财富理论的解释[J]. 经济管理, 2015(4): 9.

[46] 许金花，李善民，张东. 家族涉入、制度环境与企业自愿性社会责任——基于第十次全国私营企业调查的实证研究[J]. 经济管理, 2018, 40(05): 37-53.

[47] CRAIG J, DIBRELL C. The natural environment, innovation, and firm performance: A comparative study[J]. Family Business Review, 2006, 19(4): 275-288.

[48] DEKKER J, HASSO T. Environmental Performance Focus in Private Family Firms: The role of social embeddedness[J]. Journal of Business Ethics, 2016, 136(2): 293-309.

[49] KIM Y, PARK M S, WIER B. Is earnings quality associated with corporate social responsibility?[J]. The Accounting Review, 2012, 87(3): 761-796.

[50] 李维安. 民营企业传承与治理机制构建[J]. 南开管理评论, 2013, 16(03): 1.

[51] 李新春, 韩剑, 李炜文. 传承还是另创领地?——家族企业二代继承的权威合法性建构[J]. 管理世界, 2015(06): 110-124+187-188.

[52] LANSBERG I. Succeeding generations: Realizingthe dream of families in business[M]. Harvard Business Press, 1999.

[53] 何轩, 宋丽红, 朱沆, 等. 家族为何意欲放手?——制度环境感知、政治地位与中国家族企业主的传承意愿[J]. 管理世界, 2014(02): 90-101+110+188.

[54] VILLALONGA B B, AMIT R. How do family ownership, management, and control affect firm value[J]. Journal of Financial.Economics, 2006, 80(2): 385-417.

[55] 许静静, 吕长江. 家族企业高管性质与盈余质量——来自中国上市公司的证据[J]. 管理世界, 2011, (01): 112-120.

[56] 李晓琳, 李维安. 家族化管理、两权分离与会计稳健性[J]. 证券市场导报, 2016, (03): 17-23.

[57] JERRY CAO, DOUGLAS CUMMING, XIAOMING WANG. One-child policy and family firms in China[J]. Journal of Corporate Finance, 2015, 33: 317-329.

[58] BIRLEY, S. Succession in the family firm: the inheritor' s view[J]. Journal of Small Business Management, 1986, 24(3): 36-43.

[59] STEIER L. Next-Generation Entrepreneurs and Succession: An Exploratory Study of Modes and Means of Managing Social Capital[J]. Family Business Review, 2001, 14(3): 259-276.

[60] 吴炯. 家族社会资本、企业所有权成本与家族企业分拆案例研究[J]. 管理学报, 2013, 10(2): 179-190.

[61] LEE K S, WEI S L. Family Business Succession: Appropriation Risk and Choice of Successor[J]. Academy of Management Review, 2003, 28(4): 657-666.

[62] 窦军生, 贾生华. "家业"何以长青?——企业家个体层面家族企业代际传承要素的识别[J]. 管理世界, 2008(9): 105-117.

[63] 杨学儒, 李新春. 家族涉入指数的构建与测量研究[J]. 中国工业经济, 2009(5).

[64] 余向前, 张正堂, 张一力. 企业家隐性知识、交接班意愿与家族企业代际传承[J]. 管理世界, 2013(11): 77-88.

[65] CHURCHILL, N C, HATTEN, K J. Non-market-based transfers of wealth and power: a research framework for family businesses[J]. American Journal of Small Business, 1987, 11(3): 51-64.

[66] HANDLER, W C. Succession in family firms: a mutual role adjustment between entrepreneur and next-generation familymembers[J]. Entrepreneurship: Theory and Practice, 1990, 15(1): 37-51.

[67] 晁上. 论家族企业权力的代际传递[J]. 南开管理评论, 2002, 5(5): 19-23.

[68] 窦军生, 邬爱其. 家族企业传承过程演进: 国外经典模型评介与创新[J]. 外国经济与管理, 2005, 27(9): 52-58.

[69] JENSEN M C, MECKLING W H. Theory of the Firm: Managerial Behavior, Agency Costs and Ownership Structure[J]. SSRN Electronic Journal, 1976, 3: 305-360.

[70] FAMA E, JENSEN M. Separation of Ownership and Control[J]. Journal of Law and Economics, 1983, 26: 301-325.

[71] 刘有贵, 蒋年云. 委托代理理论述评[J]. 学术界, 2006, (01): 69-78.

[72] 窦军生, 张玲丽, 王宁. 社会情感财富框架的理论溯源与应用前沿追踪——基于家族企业研究视角[J]. 外国经济与管理, 2014, (12): 64-71.

[73] GÓMEZ-MEJÍA L I, et al. Socioemotional wealth and business risks in family-controlled firms: Evidence from Spanish Olive Oil Mills[J]. Administrative Science Quarterly, 2007, 52(1): 106-137.

[74] WALLS J L, BERRONE P, PHAN P H. Corporate governance and environmental performance: is there really a link?[J]. Strategic Management Journal, 2012, 33(8): 885-913.

[75] FREEMAN R. Strategic Management: A Stakeholder Approach[J]. Journal of Management Studies, 1984, 29: 131-154.

[76] 李维安, 王世权. 利益相关者治理理论研究脉络及其进展探析[J]. 外国经济与管理, 2007, (04): 10-17.

[77] MITCHELL R K, AGLE B R, WOOD D J. Toward a Theory of Stakeholder Identification and Salience: Defining the Principle of Who and What Really Counts[J]. Academy of Management Review, 1997, 22(4): 853-886.

[78] BUYSSE KRISTEL, VERBEKE ALAIN. Proactive Environmental Strategies: A Stakeholder Management Perspective[J]. Strategic Management Journal, 2003, 24: 453-470.

[79] 李心合. 面向可持续发展的利益相关者管理[J]. 当代财经, 2001, (01): 66-70.

[80] BARNEY J. Firm Resources and Sustained Competitive Advantage[J]. Journal of Management, 1991, 17(1): 99-120.

[81] HART S. A Natural-Resource-Based View of the Firm[J]. The Academy of Management Review, 1995, 20.

[82] HADWEN I A S, PALMER L J. Reindeer in Alaska[R]. Washington: Government Printing Office, 1922.

[83] VOGT WILLIAM. Road to Survival (1948)[C]//Robin Libby, Sörlin Sverker, Warde Paul, eds. The Future

of Nature: Documents of Global Change, 187-194. New Haven: Yale University Press, 2013.

[84] PAULY DANIEL, CHRISTENSEN VILLY. Primary production required to sustain global fisheries[J]. Nature, 1995, 374: 255-257.

[85] 封志明，李鹏. 承载力概念的源起与发展：基于资源环境视角的讨论[J]. 自然资源学报, 2018, 33(09): 1475-1489.

[86] ANDERSON R C, REEB D M. Founding-family ownership, corporate diversification, and firm leverage[J]. Journal of Law & Economics, 2003, 46(2): 653-684.

[87] DAILY C M, DOLLINGER M J. An Empirical Examination of Ownership Structure in Family and Professionally Managed Firms[J]. Family Business Review, 1992, 5(2): 117-136.

[88] BERRONE P, CRUZ C, GOMEZ-MEJIA L R, et al. Socioemotional Wealth and Corporate Responses to Institutional Pressures: Do Family-Controlled Firms Pollute Less?[J]. Administrative Science Quarterly, 2010, 55(1): 82-113.

[89] DYER W G, WHETTEN D A. Family Firms and Social Responsibility: Preliminary Evidence from the S&P 500[J]. Entrepreneurship Theory and Practice, 2006, 30(6): 785-802.

[90] HENRIQUES I, SADORSKY P. The relationship between environmental commitment and managerial perceptions of stakeholder importance[J]. Academy of Management Journal, 1999, 42(1): 87-99.

[91] BANSAL TIMA. Evolving sustainably: A longitudinal study of corporate sustainable development[J]. Strategic Management Journal, 2005, 26: 197-218.

[92] 蒲丹琳，王善平. 区域竞争、公司税负与社会责任意识[J]. 财经理论与实践, 2011, 32(01): 73-77.

[93] 李卫宁，吴坤津. 企业利益相关者、绿色管理行为与企业绩效[J]. 科学学与科学技术管理, 2013, 34(05): 89-96.

[94] HERRMANN-PILLATH C. Social capital, Chinese style: Individualism, relational collectivism and the cultural embeddednessof the institutions-performance link[C]. Frankfurt School of Finance & Management Working Paper, 2009.

[95] 李新春. 信任、忠诚与家族主义困境[J]. 管理世界, 2002(06): 87-93+133-155.

[96] 陈凌，陈华丽. 家族涉入、社会情感财富与企业慈善捐赠行为——基于全国私营企业调查的实证研究[J]. 管理世界, 2014, (8): 90-101+188.

[97] 唐国平，李龙会，吴德军. 环境管制、行业属性与企业环保投资[J]. 会计研究, 2013(06): 83-89+96.

[98] ZELLWEGER T M, KELLERMANNS F W, CHRISMAN J J, et al. Family control and family firm valuation by family CEOs: The importance of intentions for transgenerational control[J]. Organization Science, 2012, 23(3): 851-868.

[99] WARD J L. Keeping the Family Business Healthy: How to Plan for Continuous Growth, Profitability, and Family Leadership[M]. Jossey-Bass, CA, 1987.

[100] 陈浩, 刘春林, 鲁悦. 政治关联与社会责任报告披露[J]. 山西财经大学学报, 2018(4): 75-85.

[101] 纪志宏, 周黎安, 王鹏, 等. 地方官员晋升激励与银行信贷——来自中国城市商业银行的经验证据[J]. 金融研究, 2014(01): 1-15.

[102] 聂辉华, 李翘楚. 中国高房价的新政治经济学解释——以“政企合谋”为视角[J]. 教学与研究, 2013(1): 50-62.

[103] OKHMATOVSKIY I, DAVID R J. Setting your own standards: Internal corporate governance codes as a response to institutional pressure[J]. Organization Science, 2012, 23(1): 155-176.

[104] BOUBAKRI N, COSSET J C, SAFFAR W. Political connections of newly privatized firms[J]. Journal of Corporate Finance, 2008, 14(5): 654-673.

[105] 田利辉, 王可第. 社会责任信息披露的“掩饰效应”和上市公司崩盘风险——来自中国股票市场的DID-PSM 分析[J]. 管理世界, 2017, (11): 146-157.

[106] SANDERS W G, CARPENTER M A. Strategic stisficing? A behavioral-agency theory perspectivve on stock repurchase program ammouncements[J]. Academy of Management Journal, 2003, 46(2): 160-178.

[107] WADDOCK S, GRAVES SB. The corporate social performance-financial performance link[J]. Strategic Management Journal, 1997, 18: 303-319.

[108] CLARKSON P, OVERELL M, CHAPPLE L. Environmental Reporting and Its Relation to Corporate Environmental Performance[J]. Abacus, 2011, 47: 27-60.

[109] 沈弋, 徐光华. 企业社会责任及其“前因后果”——基于结构演化逻辑的述评[J]. 贵州财经大学学报, 2017, (01): 101-110.

[110] MYERS S C, MAJLUF N S. Corporate financing and investment decisions when firms have information that investors do not have[J]. Journal of Financial Economics, 1984, 13(2): 187-221.

[111] BRANDT L, LI H. Bank discrimination in transition economies: ideology, information, or incentives?[J]. Journal of Comparative Economics, 2003, 31(3): 387-413.

[112] 连莉莉. 绿色信贷影响企业债务融资成本吗?——基于绿色企业与“两高”企业的对比研究[J]. 金融经济学研究, 2015, 30(5): 83-93.

[113] WOOD D J, JONES R E. Stakeholder Mismatching: A Theoretical Problem in Empirical Research on Corporate Social Performance[J]. International Journal of Organizational Analysis, 1995.

[114] 何贤杰, 肖土盛, 陈信元. 企业社会责任信息披露与公司融资约束[J]. 财经研究, 2012, 38(08): 60-71+83.DOI:10.16538/j.cnki.jfe.2012.08.012.

[115] 沈艳，蔡剑．企业社会责任意识与企业融资关系研究[J]．金融研究, 2009(12): 127-136.

[116] DOUGLAS DIAMOND. Reputation Acquisition in Debt Markets[J]. Journal of Political Economy, 1989, 97(4): 828-862.

[117] FOMBRUN C J, SHANLEY M. What Is in a Name? Reputation Building and Corporate Strategy[J]. Academy of Management Journal, 1990, 33(2): 233-259.

[118] HAMBRICK D C, MASON P A. Upper Echelons: The Organization as a Reflection of Its Top Managers[J]. Academy of Management Review, 1984, 9(2): 193-206.

[119] BURAK A G, MALMENDIER U, TATE G. Financial expertise of directors[J]. Journal of Financial Economics, 2008(2).

[120] SISLI-CIAMARRA E. Monitoring by Affiliated Bankers on Board of Directors: Evidence from Corporate Financing Outcomes[J]. Financial Management, 2012, 41(3): 665-702.

[121] 唐建新，卢剑龙，余明桂．银行关系、政治联系与民营企业贷款——来自中国民营上市公司的经验证据[J]．经济评论, 2011, (03): 51-58+96.

[122] 陈仕华，马超．高管金融联结背景的企业贷款融资：由 A 股非金融类上市公司观察[J]．改革, 2013(04): 111-119.

[123] 邓建平，陈爱华．高管金融背景与企业现金持有——基于产业政策视角的实证研究[J]．经济与管理研究, 2017, 38(03): 133-144.

[124] BOOTH J R, DELI D N. On Executives of Financial Institutions as Outside Directors[J]. Journal of Corporate Finance, 1999, 5(3): 227-250.

[125] DIAMOND D W. Financial Intermediation and Delegated Monitoring[J]. The Review of Economic Studies, 1984, 51(3): 393-414.

[126] 张勇．金融发展、供应链集中度与企业债务融资成本[J]．金融论坛, 2017, 22(4): 54-67.

[127] 沈红波，寇宏，张川．金融发展、融资约束与企业投资的实证研究[J]．中国工业经济, 2010(6): 55-64.

[128] 王永青，单文涛，赵秀云．地区金融发展、供应链集成与企业银行债务融资[J]．经济经纬, 2019, 36(2): 133-140.

[129] 江伟，姚文韬．《物权法》的实施与供应链金融——来自应收账款质押融资的经验证据[J]．经济研究, 2016, 51(1): 141-154.

[130] GRI. Sustainability reporting guidelines sustainability reporting guidelines[R]. Amsterdam, 2000.

[131] JOANNE WISEMAN. An evaluation of environmental disclosures made in corporate annual reports[J]. Accounting, Organizations and Society, 1982, 7(1): 53-63.

[132] PETER M CLARKSON, YUE LI, GORDON D. Richardson, Florin P. Vasvari. Revisiting the relation between environmental performance and environmental disclosure: An empirical analysis[J]. Accounting, Organizations and Society, 2008, 33(4－5): 303-327.

[133] KLASSEN R D, MCLAUGHLIN C P. The Impact of Environmental Management on Firm Performance[J]. Management Science, 1996, (8).

[134] JUDGE, WILLIAM QUAN, THOMAS J. Douglas. "Performance Implications of Incorporating Natural Environmental Issues into the Strategic Planning Process: An Empirical Assessment."[J] Journal of Management Studies, 1998, 35: 241-262.

[135] SAMARA GEORGES, PAUL KAREN. Justice versus fairness in the family business workplace: A socioemotional wealth approach[J]. Business Ethics A European Review, 2018, 10.1111/beer.12209.

[136] ILINITCH ANNE, SODERSTROM NAOMI, THOMAS TOM. Measuring Corporate Environmental Performance[J]. Journal of Accounting and Public Policy, 1998, 17: 383-408.

[137] JULIE DOONAN, PAUL LANOIE, BENOIT LAPLANTE. Determinants of environmental performance in the Canadian pulp and paper industry: An assessment from inside the industry[J]. Ecological Economics, 2005, 55(1): 73-84.

[138] CHEN Y S. The Positive Effect of Green Intellectual Capital on Competitive Advantages of Firms[J]. Journal of Business Ethics, 2008, 77: 271-286.

[139] PRAHALAD C K, HAMEL G.The Core Competence of the Corporation[J]. Strategic Learning in a Knowledge Economy, 2000(3): 3-22.

[140] NGUYEN Q A, HENS L. Environmental performance of the cement industry in Vietnam: the influence of ISO 14001 certification[J]. Journal of Cleaner Production, 2015, 96(6): 362-378.

[141] HALIT GONENC, BERT SCHOLTENS. Environmental and Financial Performance of Fossil Fuel Firms: A Closer Inspection of their Interaction[J]. Ecological Economics, 2017, 132: 307-328.

[142] PAUL GOMPERS, JOY ISHII, ANDREW METRICK. Corporate Governance and Equity Prices[J]. The Quarterly Journal of Economics, 2003, 118(1): 107-156.

[143] HUSAM-ALDIN NIZAR AL-MALKAWI, M. Ishaq Bhatti, Sohail I. Magableh. On the dividend smoothing, signaling and the global financial crisis[J]. Economic Modelling, 2014, 42: 159-165.

[144] BLACK B S, CARVALHO A G D, SAMPAIO J O. The evolution of corporate governance in Brazil[J]. Emerging Markets Review, 2014, 20(3): 176-195.

[145] 南开大学公司治理评价课题组，李维安．中国上市公司治理评价与指数分析——基于2006年1249家公司[J]．管理世界, 2007, (5): 104-114.

[146] 南开大学公司治理评价课题组, 李维安, 程新生. 中国公司治理评价与指数报告——基于 2007 年 1162 家上市公司[J]. 管理世界, 2008, (1): 145-151.

[147] 南开大学公司治理评价课题组, 李维安. 中国上市公司治理状况评价研究——来自 2008 年 1127 家上市公司的数据[J]. 管理世界, 2010, (1): 142-151.

[148] 李维安, 张国萍. 经理层治理评价指数与相关绩效的实证研究——基于中国上市公司治理评价的研究[J]. 经济研究, 2005(11): 87-98.

[149] 程新生, 谭有超, 刘建梅. 非财务信息、外部融资与投资效率——基于外部制度约束的研究[J]. 管理世界, 2012(7): 137-150+188.

[150] 武立东, 张云, 何力武. 民营上市公司集团治理与终极控制人侵占效应分析[J]. 南开管理评论, 2007(4): 58-66.

[151] CHEN J J, CHENG X, GONG S X, et al. Do higher value firms voluntarily disclose more information? Evidence from China[J]. The British Accounting Review, 2014, 46(1): 18-32.

[152] LI WEIAN. Corporate Governance Evaluation of Chinese Listed Companies[J]. Nankai Business Review International, 2018, 9(4): 437-456.

[153] 润灵环球. http://www.rksratings.cn/index.php/Index/Report/index [EB/OL]. 2024-06-21.

[154] 郝建新, 郝吉. 绿色指数成为考量节能减排新依据[N]. 科学导报, 2007-11-19(001).

[155] 和讯网. 上市公司社会责任报告专业评测体系[EB/OL]. 2013[2024-06-21]. https://stock.hexun.com/2013/gsshzr/index.html.

[156] 李红玉, 朱光辉, 等. 企业蓝皮书: 中国企业绿色发展报告 NO.1 (2015) [M]. 北京: 社会科学文献出版社, 2015.

[157] 香港联合交易所. 环境、社会及管制报告指引[EB/OL].(2016-实施)[2024-06-22]. https://sc.hkex.com.hk/TuniS/cn-rules.hkex.com.hk

[158] 中国工商银行绿色金融课题组, 周月秋, 殷红, 等. 商业银行构建绿色金融战略体系研究[J]. 金融论坛, 2017, 22(01): 3-16.

[159] 中央财经大学绿色金融国际研究院. 沪深 300 绿色领先指数[EB/OL]. (2019-07-28)[2023-06-22]. https://iigf.cufe.edu.cn/info/1024/3276.htm.

[160] 中国证券投资基金业协会,国务院发展研究中心金融研究所. 中国上市公司 ESG 评价体系研究报告[M]. 北京: 中国财政经济出版社, 2018.

[161] 王建明, 陈红喜, 袁瑜. 企业绿色创新活动的中介效应实证[J]. 中国人口·资源与环境, 2010, 20(06): 111-117.

[162] 邓丽. 环境信息披露、环境绩效与经济绩效相关性的研究[D]. 重庆: 重庆大学, 2007.

[163] 陈留彬. 中国企业社会责任评价实证研究[J]. 山东社会科学, 2007(11): 145-150.

[164] 黄群慧, 彭华岗, 钟宏武, 等. 中国 100 强企业社会责任发展状况评价[J]. 中国工业经济, 2009, (10): 23-35.

[165] 买生, 匡海波, 张笑楠. 基于科学发展观的企业社会责任评价模型及实证[J]. 科研管理, 2012, 33(03): 148-154.

[166] 刘宇辉. 生态工业园区循环经济评价指标体系研究[J]. 商业时代, 2009(31): 104-105.

[167] 沈洪涛, 黄珍, 郭肪汝. 告白还是辩白——企业环境表现与环境信息披露关系研究[J]. 南开管理评论, 2014(2): 56-63.

[168] 肖红军, 胡叶琳, 许英杰. 企业社会责任能力成熟度评价——以中国上市公司为例[J]. 经济管理, 2015, 37(02): 178-188.

[169] 南开大学绿色治理准则课题组, 李维安.《绿色治理准则》及其解说[J]. 南开管理评论, 2017, 20(05): 4-22.

[170] 吴超, 杨树旺, 唐鹏程, 等. 中国重污染行业绿色创新效率提升模式构建[J]. 中国人口·资源与环境, 2018, 28(05): 40-48.

[171] 王小鲁, 樊纲, 余静文. 中国分省份市场化指数报告 (2016)[M]. 北京: 社会科学文献出版社, 2017.

[172] GREENAWAY D, GUARIGLIA A, KNELLER R. Financial factors and exporting decisions[J]. Journal of International Economics, 2007, 73(2): 377-395.

[173] 江静. 融资约束与中国企业储蓄率: 基于微观数据的考察[J]. 管理世界, 2014(08): 18-29.

[174] FAZZARI S M, HUBBARD R G, PETERSEN B C, et al. Financing Constraints and Corporate Inve-stment[J]. Brookings Papers on Economic Activity, 1988, (1): 141-206.

[175] WEISBACH M, ALMEIDA H, CAMPELLO M. The Cash Flow Sensitivity of Cash[J]. Journal of Finance, 2004, 59: 1777-1804.

[176] HADLOCK C J, PIERCE J R. New Evidence on Measuring Financial Constraints: Moving Beyond the KZ Index[J]. Review of Financial Studies, 2010, 23(5): 1909-1940.

[177] 鞠晓生, 卢荻, 虞义华. 融资约束、营运资本管理与企业创新可持续性[J]. 经济研究, 2013, 48(01): 4-16.

[178] LAMONT O, POLK C, SAA-REQUEJO J. Financial Constraints and Stock Returns[J]. The Review of Financial Studies, 2001, 14(2): 529-554.

[179] 姜付秀, 石贝贝, 马云飙. 信息发布者的财务经历与企业融资约束[J]. 经济研究, 2016, 51(06): 83-97.

[180] 胡珺，宋献中，王红建. 非正式制度、家乡认同与企业环境治理[J]. 管理世界, 2017, (03): 76-94+187-188.

[181] DICKINSON V. Cash Flow Patterns as a Proxy for Firm Life Cycle[J]. Accounting Review, 2011, 86: 1964-1994.

[182] 黄宏斌, 翟淑萍, 陈静楠. 企业生命周期、融资方式与融资约束——基于投资者情绪调节效应的研究[J]. 金融研究, 2016, (07): 96-112.

[183] 李旭, 朱道立. 绿色运营的理念、实施及其管理对策[J]. 管理评论, 2004(08): 53-56+64.

[184] 黄俊鹏, 王莹, 王文广. 商业地产绿色运营的驱动力分析[J]. 住宅产业, 2018, (12): 53-61.

[185] 冯月姮. 数十家航企齐聚威海,“绿色空港”时代或将来临?[J]. 中国机电工业, 2013(11): 68-70.

[186] 张士元, 刘丽. 论公司的社会责任[J]. 法商研究 (中南政法学院学报), 2001, (06): 106-110.

[187] 徐振宇, 祝金甫, 谢志华. 节能减排的微观基础与零售商的可持续供应链管理[J]. 中国零售研究, 2009, 1(01): 77-87.

[188] 戴定一. 物流与低碳经济[J]. 中国物流与采购, 2008, (21): 24-25.